U0229780

浙江省示范专业建设教材

高职高专机电类工学结合模式教材

数控编程与机床操作

吴晓苏 周智敏 主 编

张素颖 葛铭锋 副主编

清华大学出版社

北京

内 容 简 介

本书共分三部分,分别是绪论:数控基础知识;上篇:数控车削编程与操作;下篇:数控铣/加工中心编程与操作。全书内容在体系结构上进行了创新,针对高职高专教育进行了大胆尝试,有相当部分的项目内容来自于生产一线,知识点按数控加工岗位的能力要求进行编写。其中数控车削编程与操作全篇分 12 个项目进行编写与开发,数控铣/加工中心编程与操作全篇分 13 个项目进行编写与开发,各章都引用了大量企业真实零件。各项目都涵盖了近几年数控大赛的较多知识点,总体难度达到技师水平。全书的项目内容丰富,深入浅出,结构严谨、清晰,突出教学的可操作性。本书的特点是以项目化教学为导向,但又不失教材的严谨性。

本书可作为高职高专院校数控技术及相关制造类专业的教学用书,也可作为从事数控加工工程技术人员的参考用书。本书为省级示范专业核心项目化教材。

本书封面贴有清华大学出版社防伪标签,无标签者不得销售。

版权所有,侵权必究。举报:010-62782989,beiqinquan@tup.tsinghua.edu.cn。

图书在版编目(CIP)数据

数控编程与机床操作/吴晓苏,周智敏主编. —北京:清华大学出版社,2010.6(2021.8重印)
ISBN 978-7-302-22136-4

Ⅰ.①数… Ⅱ.①吴… ②周… Ⅲ.①数控机床－程序设计 ②数控机床－操作
Ⅳ.①TG659

中国版本图书馆 CIP 数据核字(2010)第 031397 号

责任编辑:朱怀永　胡连连
责任校对:李　梅
责任印制:丛怀宇

出版发行:清华大学出版社　　　　　　　　　地　　址:北京清华大学学研大厦 A 座
　　　　　http://www.tup.com.cn　　　　　　邮　　编:100084
　　　　　社　总　机:010-62770175　　　　　邮　　购:010-62786544
　　　　　投稿与读者服务:010-62776969,c-service@tup.tsinghua.edu.cn
　　　　　质　量　反　馈:010-62772015,zhiliang@tup.tsinghua.edu.cn
印　装　者:三河市铭诚印务有限公司
经　　销:全国新华书店
开　　本:185mm×260mm　印　张:16.75　　字　　数:379 千字
版　　次:2010 年 6 月第 1 版　　　　　　　印　　次:2021 年 8 月第 12 次印刷
定　　价:45.00 元

产品编号:035163-03

随着数控技术的飞速发展,制造业已普遍使用数控机床代替原普通及一些半自动化机床,原本无法加工的各种形状的零件都可以通过数控技术得以加工实现。但伴随而来的大量数控机床,如何进行精密装配和调试,如何进行维修维护与保养,如何对产生的故障进行快速诊断,已成为各数控机床制造及使用厂家的心病,急需解决这样的现状。

2008年杭州职业技术学院与友嘉实业集团合作共建了"校企共同体——友嘉机电学院",以培养"数控加工(客户试件加工)和数控维修(数控机床的安装与调试)"的岗位人才。数控技术专业通过对友嘉实业集团的几十家企业的调研,进行了人才培养方案的调整,突出了"数控维修人才的培养应从数控机床的安装调试开始"这一理念,更注重让学生通过数控机床的安装与调试岗位的顶岗实习,学习数控机床的维修维护知识。这样的理念也得到浙江省教育厅的高度评价,并指示数控技术专业按浙江省示范专业建设,批准"基于岗位需求的数控技术专业学生能力培养"为2009年浙江省新世纪教改课题(浙教高教[2009]137号)。按照岗位需求确定开发《数控原理与系统参数》、《数控机床结构与装调工艺》、《数控编程与机床操作》、《CAM自动编程与后处理》和《数控加工工艺分析》5本教材,其中后3本教材按项目化教材开发。经过近两年时间的下厂挂职锻炼和校企合作开发,《数控原理与系统参数》作为浙江省重点建设教材已由机械工业出版社出版发行,后4本教材将陆续通过清华大学出版社出版发行。

《数控编程与机床操作》教材的开发,得到了学院和友嘉实业集团的大力支持,学院先后派了8位教师去友嘉实业集团企业挂职锻炼,在教材的开发中集团企业提供了大量有效资料。本项目化教材与以往数控编程与加工教材不同,其将编程命令以及零件切削用量、装夹方法的选择等加工任务分散到每个模块相应的任务中,并采用任务驱动的模式,学生学完相应的程序,马上完成相应的任务,使学习目的性更明确。本教材是省级示范数控技术专业建设的阶段性成果,同时也是"浙江省人力资源和社会保障厅研究课题成果"。

本书的绪论数控基础知识由吴晓苏编写,上篇数控车削编程与操作由张素颖和葛铭锋编写,下篇数控铣/加工中心编程与操作由周智敏编写,全书由吴晓苏负责统稿审核。本教材的编写得到了友嘉实业集团、杭州中意自动化设备有限公司的合作和支持,为本书提供了大量有价值的图纸资料和零件加工程序,在编写过程中还得到了一线技术人员的帮助和专家的指导,在此一并表示谢意。

由于作者水平有限,疏漏之处在所难免,敬请读者批评指正。

编　者

2010 年 1 月

数控基础知识

一、数控技术的基本概念

（一）数控机床的概念

数控技术和数控装备是现代化制造业的重要基础。这个基础是否牢固直接影响到一个国家的经济发展和综合国力,关系到一个国家的战略地位。因此,世界上各工业发达国家均采取重要措施来发展自己的数控技术及其产业。

1. 数控技术的定义

数控技术是用数字信息对机械运动和工作过程进行控制的技术,数控装备是以数控技术为代表的新技术对传统制造产业和新兴制造业的渗透形成的机电一体化产品,即所谓的数字化装备,其技术范围覆盖以下很多领域:①机械制造技术;②信息处理、加工、传输技术;③自动控制技术;④伺服驱动技术;⑤传感器技术;⑥软件技术等。

数控机床,就是采用了数控技术的机床,或者说是装备了数控系统的机床。数控机床起源于美国,首先用于军工,此后数控技术获得了迅速发展。

2. 数控机床的定义

国际信息处理联盟(International Federation of Information Processing,IFIP)第五技术委员会,对数控机床作如下定义:数控机床即数字控制(Numerical Control,NC)机床,是一个装有程序控制系统的机床,该系统能够逻辑地处理具有使用代码,和其他符号编码指令规定的程序。它是一种灵活、通用、能够适应产品频繁变化的柔性自动化机床。

定义中所指的程序控制系统,就是所说的数控系统。数控系统是一种控制系统,它能自动阅读输入载体上事先给定的数字值,并将其译码,从而使机床动作和加工零件。数控系统包括数控装置、可编程序控制器、主轴驱动及进给驱动装置等部分。

　　数控机床加工过程中所需的各种操作,比如主轴变速、工件松夹、刀具进退、刀具选择、机床开停和冷却液供给等,以及刀具与工件之间的相对位移量,都是通过数字化代码编制的控制程序,经过计算机的运行处理,发出各种指令来控制机床的伺服系统和其他执行元件,使机床自动完成加工工作。数控机床与其他自动机床的显著区别就在于:当加工对象改变时,只要改变相应的加工程序即可,而不必对机床做其他的改变。这正是数控机床的"柔性"优于其他"刚性"自动化设备之所在。数控机床是一种高度机电一体化的产品。

　　1948 年,美国帕森斯公司(Parsons Co.)在承担研究和设计加工直升飞机桨叶轮廓用检查样板的加工机床任务时,该公司经理帕森斯(John T. Parsons)根据自己的设想,提出了革新这种样板加工机床的新方案,由此便产生了研制数控机床的最初萌芽。1949 年,作为这一方案主要承包者的帕森斯公司,正式接受委托,在麻省理工学院伺服机构研究所(Servo Mechanisms Laboratory of the Massachu-Setts Institute of Technology)的协助下,开始从事数控机床的研制工作。经过三年的研究,于 1952 年试制成功世界上第一台数控机床试验性样机。这是一台采用脉冲乘法器原理的直线插补三坐标数控铣床,取名叫做"Numerical Control"。从此以后,众多厂家都开始了数控机床的研制开发工作。1958 年美国的 Keaney & Treckre 公司开发出了具有刀库、刀具交换装置、回转工作台、可以在一次装夹中对工件的多个面进行钻孔、锪孔、攻螺纹、镗削、平面铣削和轮廓铣削等多种加工的数控机床。由于它将钻、铣等多种机床加工的功能集于一身,不仅减少了工件的搬运、装夹、换刀等辅助工作时间,提高了生产效率,而且也使加工精度大大提高。这样又产生了数控机床的一个新种类——加工中心(Machining Center, MC)。早期的数控机床属于硬件数控(NC),20 世纪 70 年代电子计算机被引入 NC 中,出现了计算机数控(Computer Numerical Control, CNC),现在 CNC 已经全面替代了 NC。

3. NC 与 CNC

　　随着微电子技术的不断发展,数控装置也在不断地更新换代,先后经历了电子管(1952 年)、晶体管(1959 年)、小规模集成电路(1965 年)、大规模集成电路及小型计算机(1970 年)和微处理机或微型计算机(1974 年)五代数控系统。

　　前三代数控装置属于采用专用控制计算机的硬接线(硬件)数控装置,一般称为 NC数控装置。硬件数控装置的控制逻辑,是由固定接线的硬件结构组成的专用计算机来实现,数控装置的输入、插补运算和控制等功能都由集成电路组成的逻辑电路来实现,制成后就不易改变,柔性差,这类系统在 60 年代末 70 年代初以前应用得比较广泛,现在 NC硬件数控装置已被淘汰。

　　20 世纪 70 年代初,随着计算机技术的发展,小型计算机的价格急剧下降,从而出现了采用小型计算机代替专用硬件控制计算机的第四代数控系统。这种数控系统不仅在经济上更为合算,而且许多功能还可用编制的专用程序来实现,并可将专用程序存储在小型计算机的存储器中,构成控制软件。这种数控系统称为计算机数控系统,也称为 CNC 数控系统。自 1974 年开始,以微处理机为核心的数控系统(Microcomputerized Numerical Control, MNC)得到迅速发展。CNC 和 MNC 称为软接线(软件)数控系统,目前软件数控系统均采用 MNC,习惯上人们仍称为 CNC。

CNC 较 NC 数控系统具有以下优点。

① 增强了柔性,改变系统软件就改变了控制逻辑,且可修改、增添更完善的功能。

② CNC 系统较易实现多轴联动插补,采用能提高精度的插补方法,提高了机械的工作精度。

③ CNC 系统简化了硬件结构,即意味着减少了 NC 系统中焊点、接插点和连接线等出现的故障。

④ CNC 系统简化了用户编制的工作程序,从而减少了差错。

⑤ 用户工作程序可一次输入存储器,避免了 NC 系统在工作中频繁开动光电输入机等造成的几乎占总故障 50％的故障。

⑥ CNC 系统易于设置各种诊断程序,可以进行故障预检和自动查找,而 NC 系统这一点是很难做到的。

⑦ CNC 系统的可靠性比 NC 系统提高了 1～2 个数量级。

CNC 系统的性能优越,并且它把成本很低的微处理机和微型计算机用于 CNC 系统,从而大大提高了其性能价格比,CNC 系统以压倒优势占领了数控市场。使用微处理机和微型计算机后,数控装置的体积大大减小,以至于可以和机械本体做成一体,这也是"机电一体化"的一个典范。

NC 系统向 CNC 系统发展是一个总的趋势,即所谓的"硬件软化"。但是软件数控中,若一切功能均由计算机指令来实现,则计算机内部的运算处理工作将非常繁忙,甚至达不到系统的速度要求。例如在快速连续插补时,往往不能满足速度要求。近年来由于超大规模集成电路技术的发展,利用硬件电路速度快的优点,把 CNC 中一些大量占用计算机实时控制时间的程序模块固化在硬件芯片中,大大提高了运算和处理速度。这即所谓的"软件硬化"。"硬件软化"和"软件硬化"这两种趋势,相互渗透、彼此补充,从而使数控装置的功能不断增强,性能和可靠性不断提高。

4. 数控机床的工作过程

在数控机床上加工一个零件,一般包含以下几个步骤。

① 根据零件的图样,结合加工工艺方案,用规定的代码和程序格式来编写加工程序。

② 将所编程序指令输入机床数控装置。

③ 数控装置对程序(代码)进行翻译,插补运算器进行加工轨迹运算处理,向机床各个坐标的伺服驱动机构提供控制信号,实现对刀具与零件相对运动的控制,并通过位置检测反馈以确保位置精度。

④ 与此同时,CNC 装置提供的信号,还可以通过 PLC 实现对机床其他各运动部件的控制与操作,其中包括主轴变速、主轴齿轮换挡、工件松夹、刀具转位以及开关冷却液等。

⑤ 首件试切加工,检验零件的合格性,并修改程序;工厂一般允许首件报废,第二件开始就必须达到合格要求。

⑥ 最后在机床上加工出合格的零件。

数控机床通过程序调试、试切削,进入正常批量加工后,操作者一般只要进行工件上下料装卸,再按程序自动循环按钮,机床就能自动完成整个加工过程。

零件程序编制可分为手工编程和自动编程。手工编程是指编程员根据加工图样和工艺,采用数控程序指令(目前一般采用国际标准化组织标准代码,即 ISO 代码)和指定格式(目前一般采用文字地址程序段标准格式)进行程序编写,然后通过操作键盘送入数控系统内,再进行调试、修改等。对于自动编程,目前已较多地采用了计算机 CAD/CAM 图形交互式自动编程,通过计算机有关处理后,自动生成数控程序,通过接口直接输入数控系统内。

目前一般采用的微处理机数控系统,系统内存容量已大大增强,数控系统内存 ROM 中本身就有系统软件,支持在线编程,并且零件程序也能较多地直接保存在数控系统内存 RAM 中。对于程序存储介质的使用,主要是指某一数控机床所加工的零件品种较多时,为了工厂均衡生产的需要,把某些暂时不用的零件程序保存在程序介质中,等以后要用时再输入,即程序介质只起到外存储器的作用。它与以前硬线连接的 NC 数控机床对程序介质的使用要求具有本质区别,NC 数控机床要求数控机床与程序介质同步运行来加工零件。

(二)数控机床的组成

数控技术可以应用于各种加工机床,例如数控车床、数控铣床、加工中心、数控钻床、数控冲床、数控电火花、线切割和激光加工机床等。虽然数控机床的种类繁多,但它们的组成部分基本相同。图 0-1 是典型的现代数控机床的构成框图,其主要包括以下几个方面。

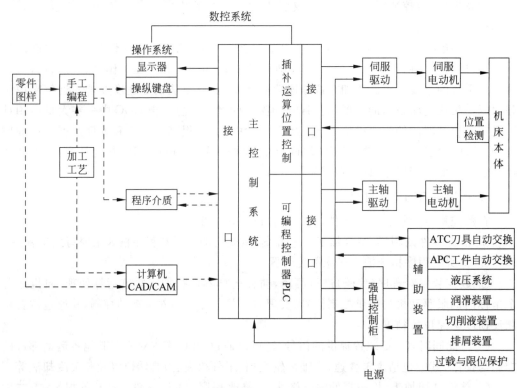

图 0-1　数控机床的基本组成示意框图

1. 机床本体

数控机床的本体即数控机床的主要机械结构部分。它包括数控机床的床身、主轴传动装置、进给传动装置、液压气动系统、润滑系统和冷却装置等。与传统的机床相比,数控机床的外部造型、整体布局、传动系统、刀具系统以及操作机构等方面都已发生了很大的变化,这些变化的目的是为了满足数控技术的要求,从而使数控机床的特点得以充分发挥。归纳起来有以下几点。

① 采用高性能主传动及主轴部件。具有传递功率大、调速范围宽、较高的精度与刚度、传动平稳、噪声低、抗震性好及热稳定好等优点。

② 进给传动采用高效传动件。具有传递链短、结构简单、传动精度高等特点,一般采用滚珠丝杠副、直线滚动导轨副等。

③ 有较完善的刀具自动交换和管理系统。工件在加工中心类机床上一次安装后,能自动地完成或者接近完成工件各面的加工工序。

④ 有工件自动交换、工件夹紧与放松机构。如在加工中心类机床上采用工作台自动交换机构。

⑤ 床身机架具有很高的动、静刚度。

⑥ 采用全封闭罩壳。由于数控机床是自动完成加工,为了操作安全等,一般采用移门结构的全封闭罩壳,对机床的加工部位进行全封闭。

2. 数控系统

数控系统是数控机床的核心环节,也叫做计算机数控(CNC)装置。CNC 装置实际上就是一个计算机系统,通过对加工程序的运行处理,发出控制信号,实现对加工过程的自动控制。CNC 装置一般包含以下几个部分。

(1) 微处理器及其总线

微处理器(CPU)及其总线(BUS)是 CNC 装置的核心。CPU 由运算器和控制器组成,以实现数据的算术运算和逻辑运算以及指令的操作控制。CPU 最基本的运算处理就是插补运算,所谓插补就是求取零件加工路径的坐标数据,用以控制数控机床坐标轴的运动。总线是计算机系统内部各部分之间传递信号的渠道,一般由数据总线、地址总线和控制总线等组成。

(2) 输入装置

输入装置是把加工程序输入至计算机的装置,通常可以采用以下两种方式。

① 手动输入。手动输入方式就是使用数控机床上的键盘输入加工程序。输入方法有两种,一是 MDI(手动数据输入),这种方法适用于比较短的程序,只能使用一次,机床动作后程序就消失。二是在控制装置的 EDIT(编辑)状态下输入加工程序,存放在控制装置的内存中,用这种方法可以对程序进行修改,并且可以重复使用。

② 直接输入存储器。直接输入方式是采用 CNC 装置的串行通信接口等,通过对有关参数的设定,直接读入由自动编程机或者其他计算机编制的程序。

(3) 存储器

存储器是用来存放 CNC 装置的数据、参数及程序的。存储器一般由存放系统程序的只读存储器 ROM、存放运算中间结果的随机存储器 RAM 以及存放加工零件程序、数据和参数的 RAM 等组成。

(4) 位置控制单元

位置控制单元是把插补运算求取的坐标给定值,与位置检测装置测得的实际值进行比较,然后将结果送入控制单元,对进给机构的运动进行控制。

（5）可编程序控制器

可编程序控制器（PLC）是用来替代传统的机床强电控制线路，实现对数控机床的切削液供给、主轴停止、刀具的自动交换、工作台的自动交换等的自动控制功能。

（6）通信接口

现代数控机床往往都带有标准数据通信接口，以便与编程机及上级计算机连接，实现通信功能。随着柔性制造系统 FMS 和计算机集成制造系统 CIMS 的发展，CNC 装置的通信功能将发挥更加重要的作用。CNC 与上级计算机等的网络通信功能主要是通过串行数据通信接口来实现的。

3. 伺服系统

伺服系统接收来自 CNC 装置的指令信息，严格按照指令信息的要求，拖动机床的移动部件，完成零件的加工。伺服系统直接决定了刀具与零件的相对位置，因而伺服系统的性能是决定数控机床加工精度的主要因素。伺服系统主要由伺服控制电路、功率放大电路、检测装置以及伺服电动机等部分组成。

4. 附加装置

为了进一步提高生产率、加工精度和自动化程度，数控机床还具有许多附加装置，例如自动换刀装置、自动交换工作台及切屑处理装置等。

（三）数控机床的分类

1. 按工艺用途分类

数控机床发展至今，几乎所有的机床种类都向着数控化的方向发展。

（1）机械加工类数控机床

为了不同的工艺需要，其与传统的通用机床一样，可分为数控车床、数控铣床、数控钻床、数控磨床、齿轮加工机床等，而且每一类又有很多品种，例如，数控铣床就有立铣、卧铣、工具铣及龙门铣等，这类机床的工艺性能与通用机床相似，所不同的是它能自动加工精度更高、形状更复杂的零件。

（2）塑性加工类数控机床

常见的塑性加工类数控机床有数控冲床、数控压力机、数控弯管机、数控裁剪机等。

（3）特种加工类数控机床

特种加工类数控机床包括数控电火花加工机床、数控线切割机床、数控等离子弧切割机床、数控激光加工机床、数控火焰切割机和数控电焊机等。

（4）非加工设备中的数控设备

近年来在非加工设备中也大量采用数控技术，如自动绘图机、装配机、多坐标测量机和工业机器人等。

（5）数控加工中心

数控机床中还有一种非常重要的类型：加工中心。它突破了传统机床只能进行一种工艺加工的概念，其带有刀库、自动换刀装置及回转工作台，零件在一次装夹后，便可进行铣、镗、钻、扩、铰和攻螺纹等多工序加工。这不仅提高了加工生产率和自动化程度，而且还避免了多次安装造成的定位误差,提高了零件的加工质量。

2. 按控制系统功能分类

(1)点位控制数控机床

点位控制数控机床的特点是:只要求控制机床的移动部件从一个点移动到另一个点的准确定位,而在移动的途中不进行加工,对两点间的移动速度和运动轨迹没有严格要求,可以沿多个坐标同时移动,也可以沿各个坐标先后移动。

如果刀具以每轴的快速移动速度定位,刀具的轨迹通常就不是直线,这种定位叫做非直线插补定位;如果刀具轨迹与直线插补 G01 相同,以不大于每轴的快速移动速度在最短的时间内定位,这种定位叫做线性插补定位。

对于机床操作者,必须弄清所操作的机床属于哪种定位方式,以确保刀具不碰到工件。现代数控机床大量采用线性插补定位方式。在 G00 定位方式中,还必须弄清 G00 定位时的自动升降速过程,即刀具在程序段开始时加速到预定的速度快速前进,和在程序段结束时减速到终点的过程。

这类机床主要有数控钻床、数控冲床及数控坐标镗床等。图 0-2 是点位控制数控钻床的加工示意图。

(2)直线控制数控机床

点位控制数控机床为多用于孔加工的数控机床。但有些机床,例如数控镗铣床,其要求刀具沿坐标轴移动时还能进行切削,所以开发了直线控制数控机床,这种系统的机床除了具有高精度的定位功能外,在刀具沿坐标轴移动时,还能根据切削用量控制位移的速度。其不仅要求准确确定加工坐标点的位置,而且还要求实现平行坐标轴的直线切削加工,并且可以设定直线切削加工的进给速度。由于同时控制的坐标轴只有一个(数控系统内不必具有插补运算功能),故只能作单坐标切削进给运动,因此它不能加工比较复杂的平面与轮廓,一般只能加工矩形和台阶形零件。这种机床主要用于数控镗铣床、简易数控车床和数控磨床等。图 0-3 是直线控制的数控镗铣床加工示意图。

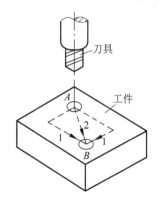

图 0-2　点位控制数控钻床的
　　　　　加工示意图

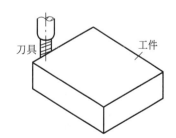

图 0-3　直线控制的数控镗铣床
　　　　　加工示意图

(3)轮廓控制数控机床

轮廓控制数控机床也称为连续控制数控机床,其控制特点是能够对两个或两个以上的坐标轴同时进行控制。为了使刀具沿工件轮廓的相对运动轨迹符合工件轨迹的表面要求,必须将各坐标运动的位移控制和速度控制按照规定的比例关系精确地协调起来。因此在这类控制方式中,就要求数控装置具有插补运算的功能,即根据程序输入的基本数据(如直线的终点坐标、圆弧的终点坐标和圆心坐标或半径),通过数控系统内插补运算器的数学处理,把直线或曲线的形状描述出来。并一边运算,一边根据计算结果向各坐标轴控制器分配脉冲,从而控制各坐标轴的联动位移量与所要求轮廓相符。在运动过程中刀具对工件表面连续进行切削,可以进行各种斜线、圆弧和曲线的加工。

这类机床主要有数控铣床、数控车床、数控线切割机床、数控缓进给成形磨床和加工中心等。按所控制的联动坐标轴数的不同,可分为以下几种主要方式。

① 二轴联动。主要用于数控车床加工曲线旋转面或数控铣床等加工曲线柱面。如图 0-4(a)所示。

(a) 二轴联动　　　　　(b) 三轴联动　　　　　(c) 二轴半联动

图 0-4　不同形面铣削的联动轴数

② 三轴联动。一般分为两类,一类就是 X、Y、Z 三个直线坐标轴联动,比较多地用于数控铣床和加工中心等,如用球头铣刀铣切三维空间曲面。如图 0-4(b)所示。另一类是除了同时控制 X、Y、Z 的其中两个直线坐标轴联动外,还同时控制围绕其中一直线坐标轴旋转的旋转坐标轴。如车削加工中心,其主轴除需具备数控车床主传动的功能外,还增加了主轴的定向停车和圆周进给功能(车削加工中心的 C 轴功能),它除了纵向(Z 轴)和横向(X 轴)两个直线坐标轴联动外,还能实现 C 轴和 Z 轴联动铣圆柱面上的螺旋槽,C 轴和 X 轴联动铣端面上的螺旋槽,C 轴定向铣圆柱面或端面上的键槽等。

③ 二轴半联动$\left(\text{或称 } 2\dfrac{1}{2}\text{轴联动}\right)$。主要用于三轴以上控制机床,其中两个轴互为联动,而另一个轴作周期进给,如在数控铣床上用球头铣刀采用行切法加工三维空间曲面。如图 0-4(c)所示。

④ 四轴联动。同时 X、Y、Z 三个直线坐标轴与某一旋转坐标轴联动(非 Z 轴),如图 0-5 所示为同时控制 X、Y、Z 三个直线坐标轴与一个工作台回转轴联动的数控机床。

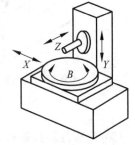

图 0-5　四轴联动的数控机床

⑤ 五轴联动。这类加工机床除了有沿 X、Y、Z 轴三个方向的移动外,还有刀具绕 X 轴回转运动 A 和工件绕 Y 轴回转运动 B。这种铣削加工中心还备有刀库,刀库中备有几十把各种刀具,刀具上有可供识别的编码,可根据加工程序的规定,利用机械手自动交换所需刀具。为了减少装卸工

件的辅助时间,有的较大型的铣削加工采用可交换的工作台。此工作台可通过传输机构送到下道工序的机床上。

五轴联动加工中心是目前世界上非常先进的机械加工类数控机床。

3. 按伺服系统类型分类

(1)开环控制系统

开环控制系统如图0-6所示,它是不带反馈装置的控制系统。开环控制系统的执行机构通常为步进电动机,按照指令脉冲驱动各轴进给。移动部件的速度与位移量由脉冲的频率和数量决定。开环控制系统由于没有反馈回路和检测装置,所以结构简单、成本较低。但是步进电动机的转动精度、减速装置的精度和滚珠丝杠的精度,都直接影响控制系统的精度。

图 0-6　开环控制系统框图

该类控制系统的主要特征是:控制电路每变换一次指令脉冲信号,电动机就转动一个步距角,驱动工作台移动一个脉冲当量,并且电动机本身有自锁能力。由于数控系统发出的位移指令信号流是单向的,所以不存在系统的稳定性问题。

世界上早期的数控机床均采用该控制方式。目前仍有较多采用此类机床,尤其在我国,一般经济型数控机床或普通机床的数控化改造均采用该类控制系统。控制方式所配的数控装置也多由单片机构成,这使得整个控制系统的价格较低。

(2)闭环控制系统

这类控制系统的驱动电动机采用直流或交流伺服电动机,并需同时配有速度反馈和位置反馈装置。其在加工中可随时检测移动部件的实际位移量,并及时反馈给数控系统中的比较器,它与插补运算所得到的指令信号进行比较,其差值又可作为伺服驱动的控制信号,进而带动位移部件消除位移误差。

按位置反馈检测元件的安装部位不同,可分为全闭环和半闭环两种控制方式。

① 全闭环控制系统。全闭环控制系统如图0-7所示。它是在机床移动部件的位置上直接装有直线位置检测装置,将检测到的位移量反馈到CNC装置中。从理论上讲,闭环控制系统的运动精度取决于检测装置的精度,而与传动链的误差无关,所以其控制精度高。但是,由于在整个控制环内,许多机械传动环节的摩擦特性、刚性和间隙均为非线性,并且整个机械传动链的动态响应时间(与电气响应时间相比)又非常长。这给整个闭环系统的稳定性校正带来了很大的困难,系统的设计和调整也都相当复杂。因此这种全闭环控制方式主要用于精度要求很高的数控坐标镗床、数控磨床及数控加工中心等。

② 半闭环控制系统。半闭环控制系统如图0-8所示。这类控制系统与闭环控制系统的区别是:位置反馈元件直接安装在伺服电动机或丝杠的端部。其通过检测伺服电动机或丝杠的转角,可间接地检测到移动部件的位移量,然后反馈到CNC装置中。由于大

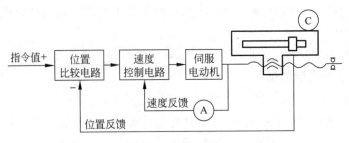

图 0-7　全闭环控制系统框图

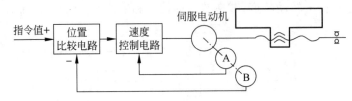

图 0-8　半闭环控制系统框图

部分机械传动环节没包括在系统闭环系统内,因此可获得较稳定的控制特性。

角位移检测装置比直线位移检测装置的结构更为简单,并且可以采用软件的方法去补偿丝杠部分机械传动链中的非线性误差,因此,配备精密滚珠丝杠副的半闭环控制系统得到了广泛采用。目前,大部分数控机床都采用半闭环控制方式。

（四）数控加工特点和适应性

1. 数控加工的特点

数控加工与普通加工的本质区别在于数控加工是使用程序来控制机床实现自动加工的。因此,数控机床具有以下显著特点。

（1）生产柔性大

与传统的加工机床不同,当数控机床的加工零件改变时,只需要改变相应的加工程序,就可以实现对新零件的加工,而不需要制造或更换许多工具和夹具,以及重新调整机床等。因此,数控机床可以迅速地从加工一种零件转变为加工另一种零件,这就为单件和中小批量的机械加工提供了极大方便,缩短了生产准备周期,节省了工艺装备费用,体现出更大的生产柔性。

（2）加工精度高

数控机床采用计算机数控装置（CNC 装置）,将数字化的加工信息,通过计算机的运行处理,来实现对加工过程的自动控制,而且数控机床使用的执行机构及检测装置具有很高的灵敏度和分辨率,从而使数控机床具有很高的控制精度。另外,由于数控机床的床身结构具有很高的刚度和热稳定性,数控机床的进给系统采用了间隙消除措施,并可通过计算机实现自动补偿,因而,数控机床可以获得很高的制造精度。其次,数控机床的自动加工方式避免了生产者的人为操作误差,从而保证同一批加工零件的尺寸一致性好,产品合格率高,加工质量非常稳定。再则,数控机床在零件的装夹、切削条件以及有效冷却等方面具有较好的改善措施,因而,每个工件的加工表面可以获得较高的精度和表面质量。

（3）生产效率高

零件加工所需要的工作时间,包括切削工作时间和辅助工作时间。由于数控机床能够有效地减少这两部分的时间,所以,可获得更高的生产效率。另外,由于数控机床具有良好的结构刚性和热稳定性,因而可以采用较大切削量的强力切削方式,节省切削工作时间。数控机床的主轴运动及进给运动往往采用高速运动方式,这样既提高了加工精度,也减少了切削加工时间。数控机床移动部件的快速移动和定位都采用了加速与减速措施,因而可以选用很高的空行程运动速度,从而使用在快进、快退和定位的时间得到有效地缩短。数控机床在更换加工零件时,几乎不需要重新调整机床,而零件又都安装在简单的定位夹紧装置中,这样用于停机进行零件安装和调整的时间可以节省不少。数控机床的加工精度比较稳定,同一批零件加工时一般无需停机检验,因此,数控机床的利用系数很高。在使用带有刀库和自动换刀装置的数控加工中心机床时,由于在一台机床上实现了多道工序的连续加工,减少了半成品的周转时间,从而大大地提高了生产效率。

（4）自动化程度高,劳动强度低

与普通机床相比,数控机床采用的是事先编制好的程序,由计算机控制完成工件的自动加工,所以,操作者不需要进行繁重的重复性手工操作,劳动强度与紧张程度得以减轻,劳动条件得到显著改善。

（5）良好的经济效益

数控机床加工技术是现代工业自动化的基础技术。采用数控机床可以提高产品质量,降低材料及其他资源损耗;可以提高生产效率,降低生产成本;可以通过有效的库存控制,提高生产流程的管理效率;更为重要的是,由于数控机床所表现的生产柔性,可以极大地缩短产品开发生产的周期,降低生产设备投资的费用。所以,虽然数控机床的价格比较昂贵,但是,采用以数控机床为基础的现代制造技术,将从根本上带来更高的经济效益。

（6）有利于现代化管理

采用数控机床加工,能准确地计算零件加工工时和费用,并有效地简化检验工夹具、半成品的管理工作,这些特点都有利于现代化的生产管理。

2. 数控机床的使用特点

（1）数控机床对操作维修人员的要求

由于数控机床是采用计算机控制,伺服系统的技术复杂,机床精度要求很高。因此,数控机床的使用不是简单的设备使用问题,而是一个各种技术综合应用的过程,这就要求数控机床的操作、维修及管理人员具有较高的文化和技术素质。

数控机床的加工根据程序进行,在数控机床不多或加工零件的形状又不甚复杂的情况下,由操作人员手工或利用计算机来辅助编制程序。程序编制既有一定的技术理论,又有一定的技巧。编程直接关系到数控机床功能的开发和使用。程序的精度直接影响数控机床的加工精度。因此,数控机床的操作人员除了应具有一定的工艺知识和普通机床的操作经验之外,还应对数控机床的结构特点、工作原理以及程序编制进行专门的技术理论培训和操作训练,经考核合格者才能上机操作,这样可防止数控机床操作使用时人为的事故发生,同时也保证操作者能正确编写或快速理解程序,并对数控加工各种情况做出正确的综合判断和处理。

当数控机床较多或者加工的零件比较复杂时,手工编程就显得很困难,而且往往容易出错,因此,必须采用计算机自动编程,一般需配备专门的程序设计人员,如果操作者文化素质较高,经专门的培训后也可掌握自动编程。

正确的维护和有效的维修是提高数控机床效率的基本保证。数控机床的维修人员应具有较高的理论知识和维修技术,要了解数控机床的结构和程序编制,拥有比较宽的机、电、液、气专业知识,才能综合分析、判断故障根源,实现高效维修,以便尽可能地缩短故障停机时间。因此,数控机床维修人员和操作人员一样,必须进行专门的培训,才能达到上述要求。

(2) 数控机床的夹具和刀具的要求

单件生产时,一般采用通用夹具;批量生产,为了节省加工工时,应使用专用夹具。数控机床的夹具应定位可靠,可自动夹紧或松开工件,同时夹具还应具有良好的排屑和冷却结构。

数控机床的刀具应该具有以下特点。

① 较高的精度、耐用度,几何尺寸稳定、变化小。

② 刀具能实现机外预调、快速换刀,加工高精度孔时经试切确定尺寸。

③ 刀具应具有柄部标准系列。

④ 可很好地控制切屑的切断、卷曲和排出。

⑤ 具有良好的可冷却性能。

3. 数控加工的适应性

数控机床具有许多一般机床不具备的优点,数控机床的应用范围也正在不断扩大,但它并不能完全代替普通机床、组合机床和专用机床,而且不是任何情况下都能以最经济的方式解决机械加工中的问题。

数控机床最适应加工具有以下特点的零件:①多品种小批量生产的零件;②形状结构比较复杂的零件;③精度要求高的零件;④需要频繁改型的零件;⑤价格昂贵,不允许报废的关键零件;⑥需要生产周期短的急需零件;⑦批量较大,精度要求高的零件。

但在使用数控机床时,以下问题也需考虑:①数控机床初始投资费用大;②对操作、维修及管理人员的素质要求高;③维修和维护费用高,技术难度大。

数控加工的适用范围如图 0-9 所示。

图 0-9(a)所示为随零件复杂程度和生产批量的不同,三种机床的应用范围变化。当零件复杂程度低,生产批量较小时,宜采用通用机床;当生产批量很大,宜采用专用机床。而在零件复杂程度较高的场合,数控机床可得到很好的应用。目前,随着数控机床的普及,应用范围正由 BCD 线表示的范围向 EFG 线表示的范围扩大。

图 0-9(b)所示为通用机床、专用机床和数控机床的零件加工批量与生产成本的关系。从图中看出,在多品种、中小批量生产的情况下,采用数控机床的加工费用更为合理。

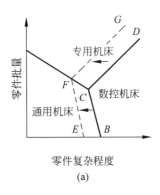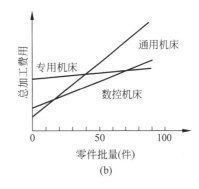

图 0-9 数控加工的适用范围

近年来,由于人们个性化需求不断增加,产品复杂程度和精度要求不断提高,改型频繁,以及机械加工劳动力费用的不断增加,数控机床的应用范围也在逐渐扩大。数控机床的高度自动化加工可减少操作工人人数(中小型数控机床可实现一人多台看管),降低生产和管理费用。因此,大批量生产的零件采用数控机床加工,特别是普及型数控机床加工,在经济上是可行的。

考虑到上述种种因素,在决定是否选用数控机床加工时,需要进行科学的技术经济分析,使数控机床实现最佳经济效益。

(五)数控技术的发展

1. 数控机床的现状

随着微电子技术、计算机技术、自动控制技术、传感器与检测技术以及精密机械加工技术的发展,数控机床在技术上的更新换代周期越来越短。而随着科学技术的发展,机械产品的形状和结构不断改进,对零件加工质量的要求也越来越高。另外,随着社会对产品多样化需求的增强,产品品种的增多,产品更新换代的加速,这些都使得数控机床在生产中得到广泛的应用,并不断地发展。

机械制造业中的自动化技术目前已经进入了 FMS(Flexible Manufacturing System,即柔性制造系统)和 CIMS(Computer Integrated Manufacturing System,即计算机集成制造系统)的发展进程,数控机床正是这一进程中的重要角色。现代数控机床正在向着更高的速度、更高的精度、更高的可靠性和更加完善的功能方向发展。

(1)更高的响应速度、较大的调速范围

现代机床数控系统多采用 32 位 CPU、多 CPU 并行技术和高速存储技术等计算机新技术,使数控系统的运算处理速度大大提高。与高性能的数控系统相配合,现代数控机床采用交流数字伺服系统,伺服电机的位置、速度及电流环都实现了数字化,并采用了现代控制理论,实现了不受机械负荷变动影响的高速响应伺服驱动。

(2)较大的调速范围

现代数控机床主传动具有较宽的调速范围,可实现无级调速,保证加工时选用合理的切削用量,获得最佳生产率、加工精度和表面质量。特别是数控加工中心,为适应各种刀具、工序和各种材料的要求,主轴具有更高的调速范围。

（3）更高的精度

现代数控机床得益于计算机技术的日新月异,其数控系统性能已不断增强,控制精度已不断提高。另外,由于其采用了高精度、高分辨率的伺服系统,以及充分利用数控系统的反向间隙补偿功能,螺距误差补偿功能及热补偿功能,从而保证了数控机床的加工精度不断提高。

（4）更高的可靠性

现代数控系统大量采用大规模或超大规模集成电路,采用专用芯片及混合式集成电路,提高了集成度,减少了元器件数量,降低了功耗,提高了可靠性。

（5）更强的编程能力

现代机床数控系统利用其自身很强的存储及运算能力,把很多自动编程功能植入数控系统。在一些新型的数控系统中,采用专家系统技术,可以进行人机对话编程;还装入了小型工艺数据库,使得数控系统不仅具有在线零件程序编制功能,而且可以在零件程序编制过程中,根据机床性能、工件材料及零件的加工要求,自动选择最佳刀具及切削用量。有的数控系统还具有自适应控制功能。

（6）实现长时间、连续地自动加工

在现代数控机床上,由于采用了新材料和主轴设计的新方法、新的冷却技术,以及装有各种类型监控和检测装置,从而实现了工件的自动检测和刀具的监控,提高了数控机床的自动化程度,保证了数控机床长时间工作时的产品质量。

（7）更强的通信能力

由于 FMS 和 CIMS 技术的发展,要求数控系统能够接入计算机网络,实现系统对数控机床的控制。现代数控机床的通信能力不断增强,不少数控系统采用了 MAP 工业控制标准,可以很方便地进入 FMS 和 CIMS 等。另外,许多数控系统生产企业还提供了远程诊断和检测功能,只要用户接上电话线或互联网,系统生产企业在生产基地即可对机床进行检测和诊断,帮助用户进行快速故障排除。

我国的数控机床行业起步于 1958 年,1958 年清华大学和北京机床研究所研制成功中国第一代电子管 101 数控机床。1964 年研制出一些晶体管式的数控系统,并用于生产。但由于历史的原因,数控技术一直没有取得实质性的成果。数控机床的品种和数量都很少,稳定性和可靠性也比较差,只在一些复杂的、特殊的零件加工中使用。

直到 80 年代初,我国先后从日本、德国和美国等国家引进了一些先进的 CNC 装置及主轴、伺服系统的生产技术,并陆续投入了生产。这些数控系统性能比较完善,稳定性和可靠性都比较好。这些先进的 CNC 装置及主轴、伺服系统在数控机床上采用后,得到了用户的认可,结束了我国数控机床发展徘徊不前的局面,使我国数控机床在质量、性能及水平上有了一个飞跃。到 1985 年,我国数控机床的品种累计达 80 多种,数控机床进入了实用阶段。

1986—1990 年（国家第七个五年计划）期间是我国数控机床大发展的时期。在此期间,通过实施国家重点科技攻关项目"柔性制造系统技术及设备开发研究"及重点科技开发项目"数控机床引进技术消化吸收（数控机床一条龙）"的研究开发,推动了我国数控机床的发展。1991 年以来，一方面从日、德、美等国购进数控系统，另一方面也积极开发、设计和制造具有自主版权的中、高档数控系统，并且取得了可喜的成果。目前，我国的数控产品已覆盖了车、铣（包括仿型铣）、钻、磨、加工中心及齿轮机床、折弯机、火焰切割机、柔性制造单元等，品种达 300 多种。中、低档数控系统已达到批量生产能力。

2. 数控技术的发展趋势

在现代制造系统中，数控技术是以数字信息处理为基础，集机械制造、微电子、计算机、现代控制、传感检测、信息处理、网络通信和液压气动等技术的最新成果于一体而迅速发展并广泛应用的技术。

数控技术的发展趋势可以概括为：小型化、智能化和网络化，并由专用型封闭式体系结构数控系统向通用型开放式体系结构数控系统发展。

（1）小型化就是高度集成化

采用高度集成化芯片和大规模可编程集成电路以及专用集成电路 ASIC 芯片，可提高数控系统的集成度和软硬件运行速度。应用 FPD 平板显示技术，可提高显示器性能。通过提高集成电路密度、减少互连长度和数量，可降低产品价格，改进性能，减小组件尺寸，提高系统的可靠性。

（2）智能化就是实时智能控制

智能化即要求数控系统在加工过程中可以自动修正、调节与补偿各项参数，实现在线诊断和智能化故障处理，从而实现实时控制系统与人工智能的完美结合。在数控技术领域，实时智能控制的研究和应用正沿着几个主要分支发展：自适应控制、模糊控制、神经网络控制、专家控制、学习控制和前馈控制等。

（3）网络化就是中央集中控制的群控（加工）系统

群控系统将所有的数控联网，可进行远程控制和无人化操作。在设备联网的基础上，实现 CAD 和 CAM 的统一。

目前数控机床采用的是专用型封闭式体系结构数控系统。它是在实际加工前，程序用手工方式或通过 CAD/CAM 及自动编程系统进行编制并输入数控系统。CAD/CAM 和 CNC 之间没有反馈控制环节，整个制造过程中 CNC 只是一个封闭式的执行机构。其对加工过程中的刀具组合、工件材料、主轴转速、进给速率、刀具轨迹、切削深度、步长、加工余量等加工参数，无法在现场环境下根据外部干扰和随机因素实时动态调整，更无法通过反馈控制环节随机修正 CAD/CAM 中的设定量，因而影响 CNC 的工作效率和产品加工质量。另外，由于大批量生产和保密的需要，使得实际生产中是由不同数控系统生产厂家自行设计其硬件和软件，从而造成系统具有不同的软硬件模块、不同的编程语言、五花八门的人机界面、多种实时操作系统非标准化接口等，这不仅给用户带来了使用上的复杂性，也给车间物流层的集中控制带来了很多困难。由此可见，专用型封闭式体系结构数控系统限制了 CNC 向多变量智能化控制发展，已不能适应日益复杂的制造过程。

通用型开放式体系结构数控系统已解决了封闭式体系结构数控系统存在的问题。这种结构的软硬件接口遵循公认的标准协议，只需要少量的重新设计和调整，新一代的通用软硬件资源就可以被现有系统采纳、吸收和兼容，使系统的开发费用大大降低，系统可靠性不断改进，同时用户也能方便地融入自身的技术窍门。

3. CAD/CAM 与数控技术

（1）基本概念

CAD/CAM 就是计算机辅助设计与计算机辅助制造（Computer Aided Design and Computer Aided Manufacturing），是一项利用计算机作为主要技术手段，通过生成和运用各种数字信息与图形信息，帮助人们完成产品设计与制造的技术。CAD 主要指使用计算机和信息技术来辅助完成产品的全部设计过程（指从接受产品的功能定义到设计完成产品的材料信息、结构形状和技术要求等，并最终以图形信息的形式表达出来的过程）。CAM 一般有广义和狭义两种理解，广义的 CAM 包括利用计算机进行生产的规划、管理和控制产品制造的全过程；狭义的 CAM 仅包括计算机辅助编制数控加工的程序。

CAD/CAM 将产品的设计与制造作为一个整体进行规划和开发，实现了信息处理的高度一体化，具有知识密集、综合性强和效益高等特点。

CAD/CAM 技术的发展和应用水平已成为衡量一个国家科技现代化和工业现代化水平的重要标志之一。CAD/CAM 技术应用的实际效果是：提高了产品设计的质量，缩短了产品设计制造周期，产生了显著的社会经济效益。目前，CAD/CAM 技术广泛应用于机械、汽车、航空航天、电子、建筑工程、轻工、纺织和家电等领域。

（2）历史与未来

20 世纪 60 年代，美国的 IBM 公司开发出了主要用于二维绘图的 CAD/CAM 系统，美国通用机器公司开发了 DAC-1 系统。这时的 CAD/CAM 共同的缺点是：规模庞大，价格昂贵。

进入 20 世纪 70 年代，CAD/CAM 技术逐步成熟，硬件的性价比不断提高，开始出现了基于小型机的 CAD 成套系统，硬件和软件配套齐全。而 70 年代末微机的出现，更对 CAD/CAM 技术的发展起到了极大的推动作用。

进入 20 世纪 80 年代，CAD/CAM 技术更是迅猛发展，大量成熟的商品化软件不断涌现，图形软件更趋成熟。二维和三维图形技术、真实感图形技术和模拟仿真技术等进一步得到了发展。此时 CAD/CAM 技术已从大中型企业扩展到了中小型企业，从仅用于产品设计扩展到工艺设计和工程设计。

在我国，CAD/CAM 技术的发展经历了由引进到开发的过程，很多大中型企业、工程设计部门、大专院校和科研部门等纷纷通过引进或自行开发，建立起适合自己行业特点和工作需要的 CAD/CAM 系统，并取得了良好的社会经济效益。CAD/CAM 技术的应用也由一般到高级、由少数用户到全面普及。

CAD/CAM 技术的发展方向是集成化、智能化、柔性化和网络化等。而 CIMS（Computer Integrated Manufacturing System）则是基于计算机技术和信息技术，将设计、制造和生产管理、经营决策等方面有机地结合成一个整体，形成物流和信息流的综合，对产品设计、零件加工、整机装配和检测检验的全过程实施计算机辅助控制，从而达到进一步提高效率、提高柔性、提高质量和降低成本的目的。

（3）CAD/CAM 系统的基本组成

CAD/CAM 系统的基本组成如图 0-10 所示。

图 0-10 中的外围设备主要包括计算机的输入输出设备，与一般的计算机系统相比，它更偏重于图形。CAD/CAM 系统是一个有机的统一体，但 CAD 和 CAM 又各有其侧重面。

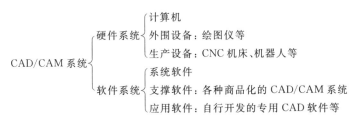

图 0-10　CAD/CAM 系统的基本组成

（4）数控加工与 CAD/CAM

由于产品设计更多地依赖于 CAD/CAM 系统。随着产品形状的更复杂,精度要求的更高,早期可用手工编程即能完成的数控加工,现离开 CAD/CAM 技术已无法进行。如:复杂模具型腔的设计现在基本上由 CAD 完成,其工艺参数的设定和数控程序的生成由 CAM 完成,加工则通常采用计算机与数控设备联网的 DNC(直接数控)的形式进行。因而数控是 CAD/CAM 的最终执行者,两者密不可分。

4. FMS 和 CIMS

在现代生产中,为了满足多品种、小批量、产品更新换代周期快的要求,以单功能组合机床为主体的生产线,已不能适应机械制造业的发展要求,因而具有多功能和一定柔性的设备和生产系统相继出现,促使数控技术向更高层次发展。现代生产系统主要包括柔性制造单元 FMC(Flexible Manufacturing Cell)、柔性制造系统 FMS 和计算机集成制造系统 CIMS。以下简要介绍这三种生产系统。

（1）柔性制造单元 FMC

柔性制造单元 FMC 是在制造单元的基础上发展起来的,由一台或少数几台数控机床(或加工中心)配上机械手或托盘交换系统以实现从上料、工序间加工、完工卸下工件的自动传送和监控管理功能。所谓柔性是指能够通过编程或稍加调整就较容易地适应多品种、小批量的生产功能。FMC 的特点是:具有独立自动加工的功能,具有自动传送和监控管理功能,可实现某些种类的多品种、小批量的加工。有些 FMC 还可实现 24h 无人运转。由于它的投资较柔件制造系统 FMS 少得多,技术上又容易实现,因而深受用户欢迎。

FMC 有两大类,一类是数控机床配上机械手,另一类是加工中心配上托盘交换系统。

① 配有机械手的 FMC 的结构如图 0-11 所示,图中加工中心 3 上的工件 1,由机械手 2 来装卸,加工完毕的工件放在工件架上,监控器 4 协调加工中心和机械手的动作。

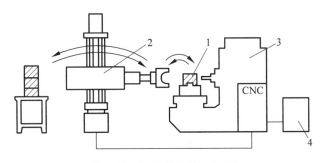

图 0-11　配有机械手的 FMC

② 配有托盘交换系统构成的 FMC 如
图 0-12 所示,其为加工中心和托盘交换系统构
成的 FMC。托盘上装夹有工件。当工件加工完
毕后,托盘转位,加工另一新工件,托盘支承在圆
柱环形导轨上,由内侧的环链拖动而回转,链轮
由电机驱动。托盘的选定和停位,由可编程序控
制器 PLC 来实现。一般的 FMC 托盘数在 5 个
以上。

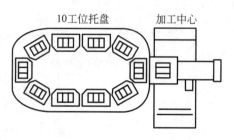

图 0-12　配有托盘交换系统的 FMC

如果在托盘的另一端设置一托盘工作站,则这种托盘系统可通过工作站与其他 FMC
发生联系。FMC 可以作为 FMS 中的基本单元,若干个 FMC 可以发展组成 FMS,因而
FMC 可看作企业发展过程中的一个阶段。

(2) 柔性制造系统 FMS

柔性制造系统是一个由中央计算机控制的自动化制造系统,由加工系统、物流输送系
统和信息系统三个基本部分组成。

FMS 是一个由传输系统联系起来的一些设备(通常是具有换刀装置的数控机床或加
工中心),传输装置把工件放在托盘或其他连接装置上,然后再将其送到各加工设备,使工
件加工准确、迅速和自动。所谓柔性就是通过编程或稍加调整就可同时加工几种不同的
工件。

采用柔性制造系统后,可显著提高劳动生产率,大大缩短制造周期和提高机床利用
率,减少操作人员,压缩在制品数量和库存量,因而使成本大为降低,缩小了生产场地,提
高了技术经济效益。

图 0-13 为 FMS 的组成图。由图可见,柔性制造系统由加工系统、物料输送系统和信
息系统组成。

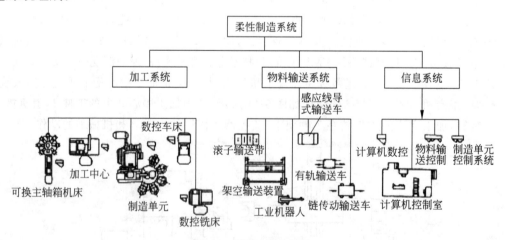

图 0-13　FMS 的组成图

① 加工系统。加工系统中的自动化加工设备通常由 5～10 台数控机床和加工中心
组成。它们都带有能存储 20 把刀具以上的刀具库,并具有自动换刀装置。为了达到工件

的自动更换,数控机床还带有自动的托盘更换装置,这样能使工件装卸自动化,实现无人化操作。

② 物料输送系统。物料输送系统主要是工件和刀具的输送。下面分三个方面来说明。

ⅰ 输送方式。工件输送方式常用有环型和直线型两种。刀具输送方式也广泛采用直线型和环型,因为这两种输送方式容易实现柔性,便于控制,成本较低。

ⅱ 输送设备。在 FMS 中使用的输送设备主要有输送带、有轨输送车、无轨输送车、堆装起重机和行走机器人等。其中以传送带和有轨输送车用得最多。

ⅲ 输送系统结构。一般情况下,FMS 的输送系统由一种输送方式和一种输送设备构成。但也有用两种或三种输送方式和两种或三种输送设备组合而成的。通常在以 FMC 为模块组合而成的 FMS 中,单元间的外部输送设备和单元内的输送设备往往是不同类型的,单元内部使用的是机器人,单元间采用输送带。

③ 信息系统。信息控制系统的主要功能是:识别进入系统的工作,选择相应的数控加工程序,根据不同工件和不同的加工内容,使工件按不同顺序通过相应的机床进行加工,当工件改变时,上述内容又能自动地作相应改变。

FMS 的控制方式大多采用中央计算机的集中控制,而控制系统则以扩展的 DNC 系统(直接数控系统,可以理解为用一台计算机控制一群机床)为基础。DNC 控制可由过程控制机通过其外围设备直接控制多台机床和检测设备,以实现管理(存储)、维护(检验、修正、改变)、分配信息自动化。DNC 控制系统还可完成直接控制物料流、刀具流、检测数据处理、运算数据的采集、处理、传送或打印等功能。

计算机依靠存储在文件中的各种数据,可对整个 FMS 实行有效的控制。其一般需要下述文件数据:零件加工程序文件、工艺路线文件、零件生产文件、托盘参考文件、工位中刀具文件和刀具寿命文件等。

(3)计算机集成制造系统 CIMS

计算机集成制造系统是通过计算机网络和数据库系统,将企业的产品设计、加工制造、经营管理、质量保证等方面的所有活动集成起来,它可使企业的产品质量大幅度提高,缩短产品开发和生产周期,提高生产率,降低成本。

CIMS 更多地体现一种哲理,简单地说,就是用计算机通过信息集成实现现代化的生产制造,以求得企业的总体效益,采用 CIMS 后有以下好处。

① 工程设计自动化方面可采用现代化工程设计手段,如计算机辅助工程分析(Computer Aided Engineering,CAE)、计算机辅助设计 CAD、成组技术(Group Technology,GT)、计算机辅助工艺过程设计(Computer Aided Process Planning,CAPP)和计算机辅助制造 CAM,可提高产品的研制和生产能力,保证产品设计和工艺设计质量,缩短设计周期,从而加快产品的更新换代速度,满足用户需求。

② 加工制造方面可采用诸如柔性制造单元 FMC、柔性制造系统 FMS、直接数控系统 DNC、机器人控制器(Robot Controller,RC)、自动测试(Computer Automated Testing,CAT)和物流系统等先进技术,提高制造质量,增加制造过程的柔性;提高设备利用率,缩短产品制造周期,增强生产能力。

③ 经营管理方面主要包括管理信息系统(Management Information System,MIS)、制造资源计划(Manufacturing Resource Planning,MRP)、生产管理(Production Management,PM)、质量管理(Quality Control,QC)、财务管理(Financial Management,FM)、经营计划管理(Business Management,BM)和人力资源管理(Human Resources Management,HRM)等,使企业的经营决策科学化。在市场竞争中,可使产品报价快速、准确和及时;在生产过程中,可有效地解决生产"瓶颈",减少在制品,使库存量压到最低水平,减少制造过程中的资金占用,减少仓库面积,从而降低生产成本,加速企业的资金周转。

总之,计算机集成制造系统,是通过计算机、网络、数据库等硬、软件将企业的产品设计、加工制造、经营管理等方面的所有活动集成起来,使企业的产品质量大幅度提高,缩短产品开发和生产周期,提高生产效率,降低生产成本。

CIMS 主要是通过计算机信息技术模块,把工程设计、经营管理和加工制造三大自动化子系统集成起来。CIMS 是一个极其复杂而庞大的系统。它共包括办公室自动化(Office Automated,OA)和柔性制造系统 FMS 两部分。其中办公室自动化 OA 又包括工程设计和经营管理两大子系统,它由 MIS 系统、产品开发 CAE、市场信息 MKT、CAD、MRP、CAM 以及它们各自的数据库组成。而柔性制造系统 FMS 由上述各系统集成得到的生产过程信息来控制。毛坯从自动立体仓库的输送机输出,经机器人或搬运车自动搬到加工机床,经 CNC 加工后,再由机器人或搬运车自动搬运到自动装配线由机器人装配,最后经 CAT 自动测试检验后输出合格的产品。CIMS 目前还没有一个统一的定义,但有如下两个大家一致的结论。

① 在功能上,CIMS 包含了一个工厂的全部生产经营活动,即从市场预测、产品设计、加工制造、管理到售后服务的全部活动。CIMS 比工厂自动化的范围大得多,是一个复杂的大系统。

② CIMS 模式的自动化不是工厂各个环节的计算机化或自动化(有人称自动化孤岛)的简单叠加,而是有机的集成,并且这里的集成不仅仅是物质、设备的集成,而更主要的是体现在以信息集成为特征的技术集成,以至于人的集成。

由上述可知,CIMS 是建立在多项先进技术基础上的高技术制造系统,是面向 21 世纪的生产制造技术。为了赶上工业先进国家的机械制造水平,我国 863 计划(即高技术研究和发展计划)中已将 CIMS 在我国的发展和应用列为一个主题,并开展了关键技术的攻关工作,我们相信这些措施将对我国机械制造工业的现代化起很重要的作用。

(六) 思考题

1. 什么是数控技术?
2. 计算机数控 CNC 较以往硬接线数控 NC 有何不同?
3. 什么是数控机床? 它由哪几个部分组成?
4. 说明数控机床的工作过程?
5. 点位控制方式与直线控制方式的最主要区别是什么?
6. 开环控制系统与闭环控制系统有什么区别? 各自适用于什么场合?
7. 半闭环控制系统与闭环控制系统相比,有什么特点?

8. 数控机床的发展趋势呈现哪些特点?

9. 什么是柔性制造单元 FMC?

10. 什么是柔性制造系统 FMS?

11. 什么是计算机集成制造系统 CIMS?

12. 加工图 0-14 所示的直线轮廓,应该采用直线控制方式,还是连续轮廓控制方式?

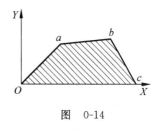

图　0-14

二、数控编程基础

(一) 数控机床的坐标系

1. 坐标系和运动方向的命名原则

坐标系的确定原则如下。

(1) 刀具相对于静止工件而运动的原则

这一原则是在坐标系中把工件看成是静止的参照物。它可使编程人员在不知道是刀具移近工件还是工件移近刀具的情况下,只依据零件图样,就可确定工件的加工路线。

(2) 标准坐标系的规定

在数控机床上,机床执行机构的动作是由数控装置来控制的,为了确定机床上的运动方向和移动的距离,需要建立一个坐标系,这个坐标系就称为标准坐标系,也叫机床坐标系。

标准坐标系是一个右手笛卡儿直角坐标系,如图 0-15 所示。图中规定了 X、Y、Z 三个直角坐标轴的方向,这个坐标系的各个坐标轴与机床的主要导轨相平行。

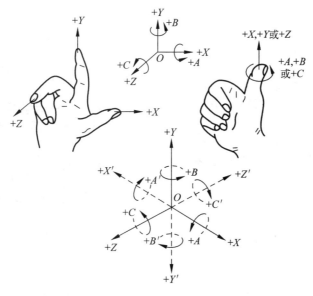

图 0-15　右手笛卡儿直角坐标系

（3）运动的正方向

数控机床某一部件运动的正方向，是增大工件和刀具之间距离的方向。

2. 机床坐标轴的确定

（1）Z 坐标轴

Z 坐标轴是由传递切削力的主轴所决定的，与主轴轴线相平行的坐标轴即为 Z 坐标轴，如图 0-16 和 0-17 所示。

Z 坐标的正方向为增大工件与刀具之间距离的方向。如在钻、镗加工中，钻入和镗入工件的方向为 Z 坐标的负方向，而退出为正方向。当机床有几个主轴时，则选取一个垂直于工件装夹表面的主轴为 Z 轴（如龙门铣床）。对于没有主轴的机床则规定垂直于工件表面的轴为 Z 轴（如刨床）。

（2）X 坐标轴

X 坐标轴是水平的，它平行于工件的装夹面，也平行于主要的切削方向。对于工件旋转的机床（如车床、磨床等），X 坐标的方向是在工件的径向上，且平行于横滑座。刀具离开工件旋转中心的方向为 X 轴正方向，如图 0-16 所示。对于刀具旋转的机床（如铣床、镗床、钻床等），如 Z 轴是垂直的（立式），当从刀具主轴向立柱看时，X 运动的正方向则指向右，如图 0-17 所示。

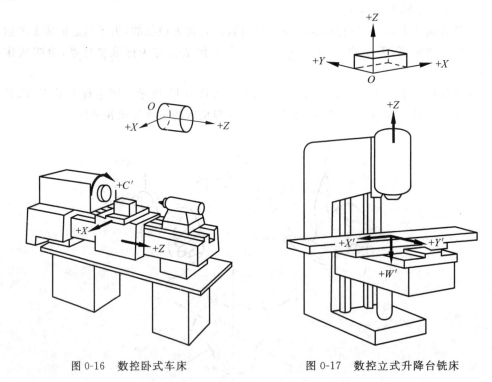

图 0-16　数控卧式车床　　　　　　图 0-17　数控立式升降台铣床

（3）Y 坐标轴

Y 坐标轴垂直于 X 坐标轴和 Z 坐标轴。当 Z 轴和 X 轴确定之后，按右手笛卡儿直角坐标系可判断 Y 轴的正方向，这样 Y 轴的方向就准确地被确定了。

（4）旋转运动

旋转运动 A、B、C,相应地表示其轴线平行于 X、Y 和 Z 坐标的旋转运动。A、B、C 的正方向,相应地表示在 X、Y 和 Z 坐标正方向上按照右手螺旋前进的方向,如图 0-15 所示。

（5）附加坐标轴

如果在 X、Y、Z 主要坐标以外,还有平行于它们的坐标,可分别指定为 U、V、W,如还有第二组运动,则分别指定为 P、Q 和 R。

（6）主轴旋转运动的方向

如果正对主轴端面看主轴旋向,逆时针方向为正向(正转),顺时针方向为负向(反转)。

（7）对于工件运动的机床坐标系的规定

对于工件运动而不是刀具运动的机床,必须将前述为刀具运动所做的规定做相反的安排。用带"'"的字母表示,如 $+X'$ 表示工件相对于刀具正向运动指令。而不带"'"的字母,如 $+X$ 则表示刀具相对于工件的正向运动指令。二者表示的运动方向正好相反,如图 0-17 所示。对于编程人员、工艺人员,只考虑不带"'"的运动方向。

3. 机床坐标系与工件坐标系

在确定了各机床坐标轴及方向后,还应进一步确定坐标系原点的位置。

（1）机床坐标系和机床坐标原点

机床坐标原点是指在机床上设置的一个固定的点。它在机床装配、调试时就已确定下来了,是数控机床进行加工运动的基准参考点。在数控车床上,坐标原点一般在卡盘端面与主轴中心的交点处。如图 0-18(a)所示,图中 O_1 即为机床坐标原点。在数控铣床上,机床坐标原点一般取 X、Y、Z 三个直线坐标轴正方向的极限位置上,如图 0-19(a)所示。图中 O_1 即为数控铣床的机床坐标原点。

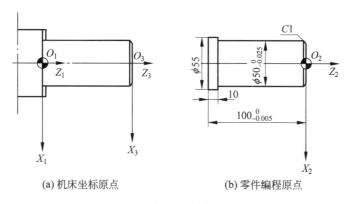

(a) 机床坐标原点　　　　　　　　(b) 零件编程原点

图 0-18　数控车床坐标原点

（2）编程坐标系和编程原点

编程原点是指根据加工零件图样选定的编制零件程序的原点,即编程坐标系的原点。如图 0-18(b)及图 0-19(b)中所示的 O_2 点。编程原点应尽量选择在零件的设计基准或工艺基准上,并考虑到编程的方便性,编程坐标系中各轴的方向应该与所使用数控机床相应的坐标轴方向一致。

（3）工件坐标系和加工原点

工件上的编程坐标系在加工时又被称为工件坐标系或加工坐标系，编程原点即加工原点也称程序原点。在加工过程中，数控机床是按照工件装夹好后的加工原点及程序要求进行自动加工的。加工原点如图 0-18(a) 和图 0-19(a) 中的 O_3 所示。加工坐标系原点与机床坐标系原点在 X、Y、Z 方向的距离 X_3、Y_3、Z_3，分别称为 X、Y、Z 向的原点设定值。

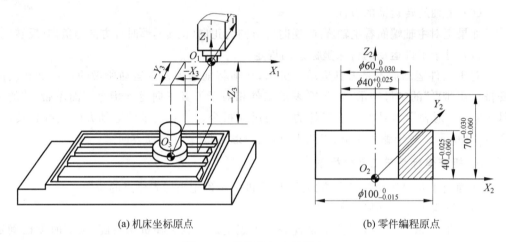

(a) 机床坐标原点　　　　　　　　　(b) 零件编程原点

图 0-19　数控铣床坐标原点

因此，编程人员在编制程序时，只要根据零件图样就可以选定编程原点、建立编程坐标系、计算坐标数值，而不必考虑工件毛坯装夹的实际位置。对加工人员来说，则应在装夹工件和调试程序时，确定加工原点的位置，并在数控系统中给予设定（即给出原点设定值），这样数控机床才能按照准确的加工坐标系位置开始加工。

（二）程序代码和结构

1. 程序代码

从第一台数控机床的诞生开始，经过几十年的不断发展，在机床坐标系、加工指令和辅助功能的代码等方面，已逐渐形成了两种国际通用标准，即 ISO（International Standardization Organization，国际标准化组织标准）和 EIA（Electronic Industries Association，美国电子工业协会标准）。如 GB 8870—1988《机床数字控制——点位、直线运动和轮廓控制系统的数字格式》等效 ISO 6983/1—1982。基于目前穿孔纸带已极少见，ISO 代码和 EIA 代码的统一，故简要对 ISO 代码和 EIA 代码在穿孔纸带方面的区别加以介绍，有需要的读者请参考有关文献。

（1）ISO 代码

ISO 代码起初主要在计算机和数据通信中使用，1965 年以后才开始在数控机床中使用。ISO 在穿孔纸带中的特点是每一行的孔数必须是偶数，故也称 ISO 代码为偶数码。ISO 代码中的数字代码需在第五列和第六列穿孔，字母需在第七列穿孔，若某行孔数为奇数,则第八列孔补偶,以保证每行孔均为偶数,这样做的目的是为了读入时的校验。

(2) EIA 代码

由于美国在数控机床方面处于领先地位,因此 EIA 代码为世界各国的数控机床厂所接受(ISO 代码在数控机床中使用之前),并得到广泛使用。EIA 代码的特点是除 CR 字符外,其余各字符均不使用第八列;其次,它的每一行孔都必须是奇数,第五列孔为补奇孔。EIA 代码只有结束符 CR 使用第八列,所以纸带上程序的每一段分得很清楚,便于检查修改。由于 EIA 代码所用的符号只能从六位二进制的 64 种排列中选择,故其信息量一般较小。

2. 程序结构与程序段格式

(1) 程序结构

加工程序是一系列指令的有序集合,通过这些指令,使刀具按直线、圆弧或其他曲线运动以完成切削加工,同时控制主轴的回转、停止、切削液的开关、自动换刀装置和工作台自动交换装置的动作等。

加工程序通常由程序名(单列一段)、程序主体和程序结束指令(单列一段)组成。

程序名位于程序主体之前,一般独占一行,常是英文字母"O"打头,后面紧跟四位数字表示。

程序结束可用辅助功能 M02(程序结束)、M30(程序结束,返回起点)等来表示。使用中,用 M02 结束程序时,自动运行结束后光标停在程序结束处;而用 M30 结束程序时,自动运行结束后光标和屏幕显示能自动返回到程序起点,一按启动按钮就可以再一次运行程序。

程序的主体由若干个程序段(BLOCK)组成,而程序段是由若干个信息字(WORD)组成,每个信息字又是由地址符和数据符组成。但在程序中能作为指令的最小单位是信息字,仅用地址符或仅用数据符是不能作为指令的。

程序结构举例如下。

```
O0003
N001 T0101
N002 G00 X200 Z200 M03 S300
N003 …
    ⋮
N010 M30
%
```

(2) **程序段格式**

程序段格式就是指一个程序段中的字和字符按一定顺序排列的方式。

目前使用最多的程序段格式是字地址程序段格式。这种格式表示的程序的每个字之前都有地址码用于识别地址。采用这种程序段格式虽然增加了地址读入电路,但编程直观灵活,便于检查,所以应用广泛。

例如,典型的字地址程序段格式。

```
N001 G01 X60.0 Z-20.0 F0.3 S200 T0101 M03 LF
```

其中,N001 为顺序号字,表示第一个程序段;

G01 为准备功能字,表示直线插补;

X60.0 Z-20.0 为尺寸功能字,分别表示 X、Z 坐标方向的移动量;

F0.3 为进给速度功能字,表示进给速度为 0.3mm/r;

S200 为主轴转速功能字,表示主轴转速为 200r/min;

T0101 为刀具功能字,表示采用 01 号刀具、01 地址补偿;

M03 为辅助功能字,表示主轴正转;

LF 为 ISO 标准下的程序段结束,书写或 CRT 显示器上用";"。

每段程序表示一种操作,这段程序的含义是:第一段程序命令,数控机床使用第一号刀具及第一组刀具补偿值,以 0.3mm/r 的进给量,主轴正转,转速为 200r/min,加工零件,刀具直线运动至 X60mm 和 Z-20mm 处。

通常,数控机床说明书的"详细格式分类"将明确规定编程的细节,如编程所用的地址符及顺序、数据符的长度等。例如:

N03 G02 X+053 Y+053 Z+053 F031 S04 T04 M02;

该详细格式分类的含义为:N03 中的第一个 0 表示数据的前零可以省略,顺序号采用三位数据符;G02 表示准备功能字采用二位数据符;X、Y、Z 等尺寸字中,第一个零表示前零可以省略,第二个数字"5"表示小数点前面五位,第三个数字"3"表示小数点后面三位;F031 表示进给功能字采用四位数据符,小数点前面三位,小数点后面一位;S04 表示主轴功能字采用四位数据符;T04 表示刀具功能字采用四位数据符;M02 表示辅助功能字采用二位数据符。

字地址程序段格式的主要特点如下:

① 程序段中各信息字的先后排列顺序并不严格,不需要的字可以省略。

② 数据符的位数可多可少,但不得大于规定的最大允许位数。

③ 某些功能字属于模态指令(也称续效指令),只有被同组的其他指令取代或取消后方才失效,否则保留继续有效,而且可以省略不写。

所以,采用字地址程序格式编写的程序简短、直观,不易出错,因而得到广泛使用。详细内容请查看后续数控车床、数控铣床及加工中心各节的编程。

3. 程序指令字

字是程序指令字的简称,在这里它是机床数字控制的专用术语。它的定义是:一套有规定次序的字符,可以作为一个信息单元存储、传递和操作,如 X2500 就是一个"字"。一个字所含的字符个数叫做字长。常规加工程序中的字都是由一个英文字母与随后的若干位十进制数字组成。这个英文字母称为地址符。地址符与后续数字间可加正、负号。程序字按其功能的不同可分为 7 种类型,它们分别为顺序号字、准备功能字、尺寸字、进给功能字、主轴转速功能字、刀具功能字和辅助功能字。

(1)顺序号字

顺序号也叫程序段号或程序段序号。顺序号位于程序段之首,它的地址符是 N,后续数字一般为 2~4 位。顺序号可以用在主程序、子程序和宏程序中。

① 顺序号的作用。首先顺序号可用于对程序的校对和检索修改。其次在加工轨迹图的几何节点处标上相应程序段的顺序号，就可直观地检查程序。顺序号还可作为条件转向的目标。更重要的是，标注了程序段号的程序可以进行程序段的复归操作，这是指操作可以回到程序的（运行）中断处重新开始，或加工从程序的中途开始的操作。

② 顺序号的使用规则。数字部分应为正整数，一般最小顺序号是 N1。顺序号的数字可以不连续，也不一定按从小到大顺序排列，如第一段用 N1、第二段用 N20、第三段用 N10。对于整个程序，可以每个程序段都设顺序号，也可以只在部分程序段中设顺序号，还可在整个程序中全不设顺序号。一般都将第一程序段冠以 N10，以后以间隔 10 递增的方法设置顺序号，这样，在调试程序时如需要在 N10 与 N20 之间加入两个程序段，就可以用 N11 和 N12。

应注意的是，数控程序中的顺序号与计算机高级语言程序中的标号是有本质区别的。在计算机高级语言中，每条语句的开头都有标号。从表面看，顺序号和标号很相似，它们都位于程序语句之首，只是标号为纯数字，顺序号开头还有个地址符 N。但事实上，对于高级语言，计算机在一般情况下，总是按标号从小到大的顺序执行（这里的一般情况是指中间没有转向语句的时候），数字不一定要连续。即使没有按标号从小到大顺序写入，当输入计算机后，解释系统也会把语句按从小到大的顺序整理和排列好，执行时按序进行。数控加工程序用的不是高级语言，它的顺序号与执行的顺序无关。第一，数控装置的解释程序内没有整理程序段次序的内容，程序段在存储器内以输入的先后顺序排列，而不管各程序段有无顺序号和顺序号的大小；第二，执行时严格按信息在存储器内的排列顺序一段一段地执行。也就是说，执行的先后次序与程序段中的顺序号无关。由此可见，高级语言中的标号实际上是计算机的执行顺序号，而数控加工中的顺序号实际上是程序段的名称。

（2）准备功能字

准备功能字的地址符是 G，所以又称 G 功能或 G 指令，是建立机床或控制系统工作方式的一种命令。准备功能字中的后续数字大多为两位正整数（包括 00）。不少机床此处的前置"0"允许省略，所以见到的数字是一位时，实际是两位的简写，如 G4，实际是 G04。随着数控机床功能的增加，G00～G99 已不够用，所以有些数控系统的 G 功能字中的后续数字已经使用三位数。我国现有的中、高档数控系统大部分是从日本、德国、美国等国进口的，它们的 G 指令字功能相差甚大。而即使是国内生产的数控系统，也有较大的差异。表 0-1 列出了大部分 G 功能指令代码，目前国际上实际使用的 G 功能字，其标准化程度较低，只有 G01～G04、G17～G19、G40～G42 的含义在各系统中基本相同，G90～G92、G94～G97 的含义在多数系统内相同。有些数控系统规定可使用几套 G 指令（由系统参数设定）。因此，这里特别提醒编程人员，在编程时必须遵照机床数控系统的说明书编制程序。

为了用户的使用方便，有些数控系统规定在通电以后使一些 G 代码自动生效，例如使 G90、G01、G17、G40、G80、G95（车床）、G94（钻、铣、镗床）和 G97 等自动生效。

表 0-1　部分 G 功能指令

G 功能字	功能保持到被取消或同样字母表示的程序指令所代替	功能仅在所出现的程序段内有作用	功　　能	说　　　　　明
G00	a		点定位	以最快的速度运动,原给定 F 不起作用
G01	a		直线插补	两个或多个坐标的联动
G02	a		顺时针圆弧插补	
G03			逆时针圆弧插补	
G04		*	暂停	
G06	a		抛物线插补	
G17			X-Y 平面选择	给圆弧插补、刀具补偿或其他功能规定平面
G18	c		Z-Y 平面选择	
G19			Y-Z 平面选择	
G33			等螺距螺纹切削	
G34	a		增螺距螺纹切削	
G35			减螺距螺纹切削	
G40	d		刀具偏置取消	终止所有刀具补偿、刀偏指令
G41	d		刀具左补偿	沿刀具运动方向看,刀具在工件左侧
G42	d		刀具右补偿	沿刀具运动方向看,刀具在工件右侧
G43	#(d)	#	刀具正补偿	刀偏是增加坐标尺寸
G44	#(d)	#	刀具负补偿	刀偏是减小坐标尺寸
G45			刀具偏置+/+	用于表示刀具偏置的数值(预先在控制机上给定)在相应的一个或几个程序段中为加减或零,并可用于机床上任意两个预定的坐标
G46	#(d)	#	刀具偏置+/-	
G47			刀具偏置-/-	
G48			刀具偏置-/+	
G49			刀具偏置0/+	
G50			刀具偏置0/-	
G51			刀具偏置+/0	
G52			刀具偏置-/0	
G53			刀具偏移注销	用于设置机床坐标系的偏移,以确定工件坐标系的位置
G54			直线偏移 X	
G55			直线偏移 Y	
G56	f		直线偏移 Z	
G57			直线偏移 XY	
G58			直线偏移 XZ	
G59			直线偏移 YZ	
G60	h		准确定位 1(精)	用于一两个规定的公差范围内定位,若有必要,也可选择趋近方向
G61			准确定位 2(中)	
G62	h	*	快速定位(粗)	为了省时,在较大公差范围内定位
G63			攻丝	
G68	#(d)	#	内角的刀偏	按工件形状(内角或外角)增加或减少坐标尺寸
G69			外角的刀偏	

续表

G 功能字	功能保持到被取消或同样字母表示的程序指令所代替	功能仅在所出现的程序段内有作用	功　能	说　明
G80 G81 G89	e		固定循环注销 固定循环开始 固定循环	
G90 G91	j		绝对尺寸 相对尺寸	
G92		*	预置寄存	修改或设置规定尺寸、坐标位置寄存
G93	k		时间倒数、进给率	在地址符 F 后的数值,等于执行这些程序段时间的倒数
G94	k		每分钟进给	进给率单位 mm/min 或 in/min
G95	k		主轴每转进给	进给率单位 mm/r 或 in/r
G96	i		恒线速度	主轴速度以 m/min,foot/min 表示
G97	i		每分钟转速	注销 G96 指令,每分钟转数 r/min

注：① ♯号：如选作特殊用途,必须在程序格式说明中说明。

② 指定功能代码中,程序指令型标有 a,b,c,…指示的,为同一类型代码。程序中,这种指令为模态指令型,可以被同类字母的指令所代替或注销。

③ 指定了功能的代码,不能用于其他功能。

④ "＊"号表示功能仅在所出现的程序段内有用,这种指令为非模态指令型。

（3）尺寸字

尺寸字也叫尺寸指令。尺寸字在程序段中主要用来指令机床上刀具运动到达的坐标位置,表示暂停时间等的指令也列入其中。地址符使用较多的有三组,第一组是 X、Y、Z、U、V、W、P、Q、R,主要是用于指令到达点的坐标尺寸,有些地址(例如 X)还可用于在 G04 之后指定暂停时间。第二组是 A、B、C、D、E,主要用来指令到达点的角度坐标。第三组是 I、J、K,主要用来指令零件圆弧轮廓圆心点的坐标尺寸。尺寸字中地址符的使用虽然有一定规律,但是各系统往往还有一些差别。例如 FANUC 等系统还可以用 P 指令暂停时间,用 R 指令圆弧的半径等。

坐标尺寸是使用国际单位制还是英制,多数系统用准备功能字来选择,如 FANUC 诸系统用 G21/G22、美国 A-B 公司诸系统用 G71/G70 切换,另一些系统用参数来设定。尺寸字中数值的具体单位,采用米制单位时一般用 $1\mu m$,$10\mu m$ 和 $1mm$ 三种;在采用英制时常用 $0.0001in$ 和 $0.001in$ 两种。因此尺寸字指令的坐标长度就是设定单位与尺寸字中后续数字的乘积。例如,在使用米制单位制,设定单位为 $10\mu m$ 的场合,X6150 指令的坐标长度是 $61.5mm$。现在一般数控系统已经采用在尺寸字中使用小数点的表示方式,其更加符合习惯,而且当数字为整数时,可省略小数点。例如,设定单位为 mm 时,X10 指令的坐标长度是 10mm。选择何种单位,通常用参数来设定。注意并不是每种系统都能设定上述 5 种单位,实际使用中请一定要注意阅读机床说明书。

（4）进给功能字

进给功能字的地址符用 F 来表示，所以又称为 F 功能或 F 指令，用来指令切削的进给速度。现在一般都能使用直接指定方式（也叫直接指定码），即可用 F 后的数字直接指定进给速度。对于车床，可分为每分钟进给和主轴每转进给两种，一般分别用 G94 和 G95 来规定。对于车削之外的控制，一般只用每分钟进给。

F 地址符在螺纹切削程序段中还常用来指令导程。

（5）主轴转速功能字

主轴转速功能字用来指定主轴的转速，单位为 r/min，地址符使用 S，所以又称为 S 功能或 S 指令。中档以上的数控机床，其主轴驱动已采用主轴控制单元，它们的转速可以直接指令，即用 S 后续数字直接表示每分钟主轴转速。例如，要求 1300r/min，就指令 S1300。有时主轴单元的允许调幅不够宽，为增加无级变速的调速范围，需加入几挡齿轮变速，由后面要介绍的辅助功能指令来变换齿轮挡，这时，S 指令要与相应的辅助功能指令配合使用。像国内某些机床厂生产的经济型数控车床，采用的是主轴转速间接指定码，其主轴电动机还是普通电动机，主轴箱内的主轴变速机构与传统的卧式车床差别不大，也是用电磁离合器通过齿轮作有级变速，程序中的 S 指令用 1～2 位数字代码，每一数字代表的具体转速可以从主轴箱上的转速表中查得。对于中档以上的数控车床，还有一种使切削速度保持不变的所谓恒线速度功能。这意味着在切削过程中，如果切削部位的回转直径不断变化，那么主轴转速也要不断地作相应的变化。在这种场合，程序中的 S 指令是指定车削加工的线速度数。

（6）刀具功能字

刀具功能字用地址符 T 及随后的数字来表示，所以也称为 T 功能或 T 指令。T 指令的功能含义主要是用来指定加工时使用的刀具号。对于车床，其后的数字还兼作指定刀具长度（含 X、Z 两个方向）补偿和刀尖半径补偿用。

在车床上，T 之后的数字分 2 位、4 位和 6 位三种。对 4 位数字的来说，一般前位数字代表刀具（位）号，后位数字代表刀具长度补偿号。其他两种以后将结合不同的机床进行介绍。

铣床（含加工中心）的刀具功能比车床要复杂些，而且各系统的差别也较大。加工中心的共同点是刀具号用 T～指定，T 后的数字一般为 1～4 位，它在多数系统内只表示刀具号，只有在少数系统内也指令 X、Z 向的刀具长度补偿号。多数系统换刀使用 M06 T～指令，如 M06 T05 表示将原来的刀具换成 5 号刀具。其补偿号通常采用另一字 H 来表示，如 H01，即表示刀具的补偿号为 01 号，其补偿值放置在 01 号中。

（7）辅助功能字

辅助功能字由地址符 M 及随后的 1～3 位数字组成（多为 2 位），所以也称为 M 功能或 M 指令。它用来指令数控机床辅助装置的接通和断开（即开关动作），表示机床各种辅助动作及其状态。与 G 指令一样，M 指令在实际使用中的标准化程度也不高。按照 ISO 标准定义的准备功能指令共有 100 种，如表 0-2 所示。各生产厂在使用 M 代码时，与标准定义出入不大。M00～M05 及 M30 的含义是一致的，M06～M11 以及 M13、M14 的含义基本一致。随着机床数控技术的发展，2 位数 M 代码已不够使用，所以当代数控机床已有不少使用 3 位数的 M 代码。

表 0-2　部分 M 功能指令

| 代码 | 功能开始时间 | | 功能保持到被注销或被适当程序指令代替 | 功能仅在所出现的程序段内有作用 | 功　　能 | 说　　明 |
	与程序段指令运动同时开始	程序段指令运动完成后开始				
M00		*		*	程序停止	完成程序其他指令，停止主轴、切削液
M01		*		*	计划停止	由数控柜开关位置确定该指令
M02		*		*	程序结束	停止主轴、切削液、进给、机床复位
M03	*		*		主轴顺时针方向	启动主轴，按右旋螺纹进入工件方向旋转
M04	*		*		主轴逆时针方向	启动主轴，按左旋螺纹进入工件方向旋转
M05		*	*		主轴停止	停止主轴
M06	#	#		*	换刀	手动或自动方式换刀，不包括刀具选择
M07 M08	*		*		2 号切削液开 1 号切削液开	
M09		*	*		切削液关	注销 M07、M08、M50、M51
M10 M11	#	#			夹紧 松开	适用于机床滑座、工件、夹具、主轴
M13 M14	*		*		主轴顺转、切削液开 主轴逆转、切削液开	
M19		*	*		主轴定向停止	使主轴停止在预定的角度位置上
M60		*		*	更换工件	

（三）数控编程的数值计算

1. 数值计算的内容

根据零件图的要求，按照已经确定的加工路线和允许的编程误差，计算数控系统所需的输入数据，称为数值计算。具体地说，数值计算就是计算工件轮廓上或刀具中心轨迹上一些重要点的坐标数据。点位控制系统、直线控制系统涉及的数值计算很简单，而轮廓控制系统的数值计算就要复杂很多。

数值计算的主要内容如下。

（1）基点坐标的计算

工件的轮廓曲线一般由直线、圆弧或其他二次曲线等几何元素组成。通常将各个几何元素间的连接点称为基点,如两条直线的交点、直线与圆弧的切点或交点、圆弧与圆弧的切点或交点、圆弧与二次曲线的切点或交点等。大多数的工件轮廓由直线或圆弧段组成,这时的基点计算比较简单。

(2) 节点坐标的计算

由于一般数控装置只具备直线插补和圆弧插补功能,当加工非圆曲线时,常用直线或圆弧去逼近,这些逼近线段的交点称为节点。编程时应计算出各线段的长度和节点的坐标值。

(3) 刀具中心轨迹的计算

全功能型的 CNC 系统具有刀具补偿功能,编程时只要计算出工件轮廓上的基点和节点坐标,同时给出有关的刀具补偿指令及相关数据,CNC 装置就可以自动进行刀具偏移计算,确定刀具的中心轨迹坐标,控制刀具运动。

有些经济型数控机床没有刀具补偿功能,所以还应计算出刀具中心轨迹的基点和节点,作为编程的输入数据。

(4) 辅助程序计算

由对刀点到切入点的程序,以及切削完了返回到对刀点的程序都是辅助程序,在数值计算中,也应算出辅助程序所需的数据。

(5) 尖角过渡处的计算

当铣削尖角轮廓时,若刀具中心位移量与轮廓尺寸相同,会出现刀心轨迹不连续或干涉现象,为此,手工编程时,应考虑尖角处的过渡轨迹计算,当然,现在许多数控系统对尖角过渡能自动进行计算。

(6) 脉冲数计算

进行数值计算时采用的单位是 mm,其数值带有小数点。但有些数控系统采用脉冲数的输入方式,其应把计算出的工件轮廓和刀具中心轨迹上基点和节点的坐标值,除以相应的脉冲当量,即换算成脉冲数。

本节将重点介绍基点、节点及工件廓形为列表曲线的数值计算。

2. 基点计算

平面零件轮廓的曲线多数是由直线和圆弧组成的,大多数数控机床的数控装置都具有直线和圆弧插补功能、刀具半径补偿功能,所以,只要计算出零件轮廓的基点坐标,就可以进行零件的程序编制。

由直线和圆弧组成的零件轮廓,数值计算相对比较简单。基点计算时,首先选定零件坐标系的原点,然后列出各直线和圆弧的数学方程,利用数学方法求出相邻几何元素间的交点和切点坐标。

对于所有直线,均可转化为直线方程的一般形式

$$Ax + By + C = 0$$

对于所有圆弧,均可转化为圆的标准方程形式

$$(x - \zeta)^2 + (y - \eta)^2 = R^2$$

解上述相关方程的联立方程组,就可求出有关几何元素间的交点和切点坐标值。

当数控装置没有刀补功能时,则需要计算出刀位点轨迹的基点坐标。这时,可根据零

件的轮廓和刀具半径 $R_{刀}$，先求出刀位点的轨迹，即零件轮廓的等距线。

$$Ax + By + C = \pm R_{刀} \sqrt{A^2 + B^2}$$

对于所有圆弧的等距线方程可转化为

$$(x - \zeta)^2 + (y - \eta)^2 = (R \pm R_{刀})^2$$

解上述相关方程的联立方程组，就可求出刀位点轨迹的基点坐标值。

3. 节点计算

非圆曲线轮廓是用直线段或圆弧段逼近加工的。因此，对于非圆曲线除计算基点坐标外，还应计算曲线上各节点的坐标，并以节点来划分程序段。逼近线段的形状选用，一方面取决于数控系统具备的插补功能，另一方面应考虑在保证精度的前提下，节点数要少，编程计算要简单。逼近线段中的最大误差 δ 应小于允许值 $\delta_{允}$，一般取零件公差的 $0.1 \sim 0.2$ 倍。

下面分别介绍已知工件廓形方程式的直线段逼近和圆弧段逼近的方法和节点计算。

1）直线逼近方法及节点计算

常用的直线逼近方法有等间距法、等步长法和等误差法。

（1）等间距法

设已知工件廓形曲线的方程式为 $y = f(x)$，它是一条连续曲线。将某一坐标轴划分为等间距，如图 0-20 所示。由廓形方程式可求出相应的节点坐标值。步骤如下：

① 等间距划分两段，求得 P_1、P_2、P_3 三节点，判断逼近误差是否超差，如果超差则再进行下一步。

判断是否超差如图 0-21 所示，作两节点 P_1P_2 线段相距 $\delta_{允}$ 的直线 A_1A_2，如果直线 A_1A_2 与 $y = f(x)$ 相交，则逼近误差超差；如果直线 A_1A_2 与 $y = f(x)$ 不相交或相切，则逼近误差达到要求。同理判断

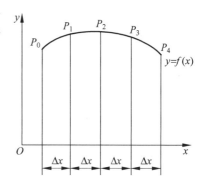

图 0-20　等间距法直线逼近

P_2P_3 线段逼近误差是否超差，如果两线段逼近误差都达到要求，则停止逼近，两节点 P_1P_2 和 P_2P_3 线段即为所逼近的直线。

② 等间距划分四段，进行直线逼近误差的计算，判断是否进行下一步。

③ 当直线逼近误差全部小于 $\delta_{允}$ 时，此时 N 条线段即为所逼近的直线。

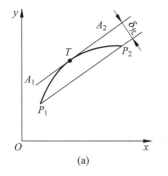
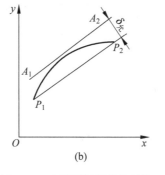
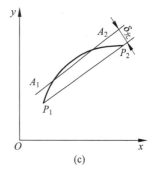

（a）　　　　　　　　　（b）　　　　　　　　　（c）

图 0-21　直线逼近误差的计算

（2）等步长法

如图 0-22 所示，等步长法直线逼近的步骤如下：

① 由曲线方程 $y=f(x)$，求出曲线的曲率半径方程 $R(x)$。

$$R(x) = \frac{(1+y'^2)^{3/2}}{y''}$$

② 求 $\dfrac{\mathrm{d}R}{\mathrm{d}x}=0$，求得 $R_{\min}$ 时的点坐标。

③ 作这点的法线。

④ 隔 $\delta_{允}$ 作垂线，交曲线 $y=f(x)$ 于 a、b 两点。

⑤ 以 ab 为等步长进行直线逼近。

（3）等误差法

等误差法的特点是使零件轮廓曲线上各逼近线段的逼近误差 δ 相等，并小于或等于 $\delta_{允}$。这种方法所确定的各逼近线段的长度是不相等的。如图 0-23 所示，其逼近步骤如下：

① 以起点 (x_0, y_0) 为圆心，$\delta_{允}$ 为半径作圆。

② 求圆与方程为 $y=f(x)$ 工件廓形曲线的公切线。

③ 过起点 (x_0, y_0) 作上述公切线的平行线交 $y=f(x)$ 与第一节点。

④ 以第一节点为圆心，$\delta_{允}$ 为半径作圆重复步骤①，求得各节点。

⑤ 依次连接各节点得到的线段即为所逼近的直线。

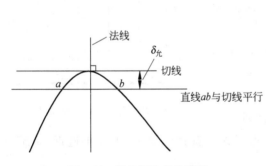

图 0-22　等步长法直线逼近

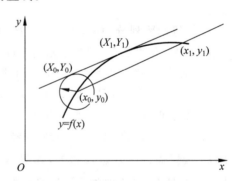

图 0-23　等误差法直线逼近

2）圆弧逼近方法及节点计算

与直线逼近相比，用圆弧逼近工件廓形，可以减少程序段数目。因此，在条件许可时尽可能用圆弧逼近。以下介绍几种常用的圆弧逼近方法。

（1）三点作圆法

先用直线逼近方法计算出轮廓曲线的节点坐标（方法不限），然后再通过连续的三个节点作圆的方法称为三点作圆法。作圆方法犹如用曲线板画曲线一样。N 个节点可用 $N-2$ 条圆弧逼近。

在直线逼近结果的基础上进行圆弧逼近，可以大大提高逼近精度。

（2）圆弧分割法

圆弧分割法适用于曲线 $y=f(x)$ 为单调的情形，若不单调，可以在拐点处将曲线分

段,使每段曲线都为单调曲线。如图 0-24 所示,其逼近步骤如下:

① 求轮廓曲线 $y=f(x)$ 起点 (x_N,y_N) 的曲率圆,半径为 R_N,圆心为 (ζ_N,η_N)。

② 求以 (ζ_N,η_N) 为圆心、$R_N\pm\delta_允$ 为半径的圆,与 $y=f(x)$ 的交点为 (x_{N+1},y_{N+1})。当轮廓曲线曲率递减时,半径取 $R_N+\delta_允$;当轮廓曲线曲率递增时,半径取 $R_N-\delta_允$。

③ 以 (x_N,y_N) 为起点、(x_{N+1},y_{N+1}) 为终点,R_N 为半径的圆弧即为所逼近的圆弧。重复上述计算依次求得后续的逼近圆弧。

（3）两圆相切法

两圆相切法是一种使相邻两圆弧段相切,同时又保证逼近误差在允许的范围内的计算方法。用这种方法逼近的圆弧,圆弧半径与工件廓形的曲率半径比较接近。两圆相切法的基本原理如下:

如图 0-25 中标有 $ABCD$ 的线表示工件廓形曲线,它的方程式为 $y=f(x)$。在曲线上取四点 A、B、C、D,其中 A 为起点。点 A 和 B 的法线交于 M 点,点 C 和 D 的法线交于 N 点。以点 M 和 N 为中心,以 $\overline{MA}$ 和 $\overline{ND}$ 为半径作两圆弧,它们相切于 $\overline{MN}$ 的延长线上的 K 点。曲线上的起点 A 是给定的,B、C 和 D 点可根据以下条件决定。

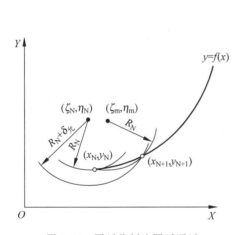

图 0-24　圆弧分割法圆弧逼近

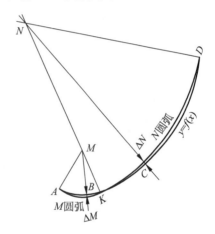

图 0-25　两圆相切法圆弧逼近

① 为了保证两圆弧都过 K 点,则

$$\overline{MA}+\overline{MN}=\overline{ND}$$

② 保证 M 圆弧与曲线的逼近误差在允许范围内,最大值在 B 点,则

$$|\overline{MA}-\overline{MB}|\leqslant\delta_允许$$

③ 保证 N 圆弧与曲线的逼近误差在允许范围内,最大值在 C 点,则

$$|\overline{ND}-\overline{NC}|\leqslant\delta_允许$$

由于以上三个方程仅有三个变量参数 x_B、x_C、x_D,故通过联立方程可以求得 B、C、D 三点的坐标,通过几何计算可以求得 M、N、K 点的坐标,即求得两条相切的逼近圆弧 AK 和 KD。重复上述计算可以求得后续各逼近圆弧。

4. 工件廓形为列表曲线时的数值计算

有的工件廓形是用实际或测量方法得到的许多节点构成,如飞机的机翼骨架和船舵等。对于这些离散点往往用列表形式给出,所以称为列表曲线。列表曲线在节点之间的坐标值以及节点上的一阶、二阶导数不能直接求出,故要借助插值函数。在数控编程中常用的插值函数为三次样条函数。

三次样条函数插值的基本原理如下:

所谓"样条"是绘图员用来把离散的节点连成光滑曲线的一种工具,一般是用富于弹性的细木条,或是有机玻璃条。绘图员在描绘曲线时,把样条弹性弯曲,使其逐点通过各节点,并用压铁将样条压住。然后将压铁逐个放松,使其回弹量较小,这样得到的曲线比较光滑。在数学上,要求在两节点之间的插值函数,在节点处的一阶和二阶导数连续。

根据数学曲率计算公式得

$$\rho = \frac{y''(x)}{\{1+[y'(x)]^2\}^{3/2}}$$

又根据材料力学知识得

$$\rho = \frac{M(x)}{EJ}$$

故有

$$\frac{y''(x)}{\{1+[y'(x)]^2\}^{3/2}} = \frac{M(x)}{EJ}$$

由于是小挠度曲线,故 $y'(x)=0$,设 $EJ=1$,所以

$$y''(x) = M(x)$$

对于小挠度列表曲线,由于两压铁之间无外力作用,故其间的样条可看作一段梁,它所受的弯矩 $M(x)$ 根据力学知识可知是 x 的线性函数,在整个梁上所受的弯矩成折线分布,即

$$M(x) = ax + b$$

即有

$$y''(x) = ax + b$$

由此可见,样条函数 $y(x)$ 为三次多项式,一般形式是

$$y(x) = ax^3 + bx^2 + cx + d$$

经过列表曲线相邻几个点 (x, y) 值及在节点处的一阶和二阶导数连续条件,可求出 a、b、c、d 系数,即得到列表曲线的各部分方程。

5. 编程误差

数控机床程序编制中的误差由三部分组成,即

$$\Delta_{程} = F(\Delta_{逼}, \Delta_{插}, \Delta_{圆})$$

其中,$\Delta_{逼}$ 为采用近似计算方法迫近列表曲线和曲面轮廓时所产生的逼近误差;$\Delta_{插}$ 为采用直线段或圆弧段插补逼近工件轮廓曲线时产生的误差;$\Delta_{圆}$ 为数据处理中因数据四舍五入而产生的圆整误差。

零件图上标出的公差,只有一小部分允许分配给 $\Delta_{程}$,一般取 0.1~0.2 倍的公差。

若想减小编程误差 $\Delta_{程}$,就必须增加插补段以减小 $\Delta_{插}$,但这将增加数值计算等编程的工作量。所以,在保证加工精度的前提下,应合理地选择 $\Delta_{程}$。

（四）数控加工工艺基础

在数控机床上加工零件，首先遇到的问题就是工艺问题。数控机床的加工工艺与普通机床的加工工艺既有许多相同之处，也有许多不同，在数控机床上加工的零件通常要比普通机床所加工的零件工艺规程复杂得多。在数控机床加工前，要将机床的运动过程、零件的工艺过程、刀具的形状、切削用量和走刀路线等都编入程序，这就要求程序设计人员要有多方面的基础知识。合格的程序员首先要是一个很好的工艺人员，应对数控机床的性能、特点、切削范围和标准刀具系统等有较全面的了解，否则就无法做到全面周到地考虑零件加工的全过程，以及正确、合理地确定零件的加工程序。

数控机床是一种高效率的设备，它的效率一般高于普通机床2～4倍。要充分发挥数控机床的这一特点，必须熟练掌握其性能、特点及使用方法，同时还必须在编程之前正确地确定加工方案，进行工艺设计，然后再考虑编程。

根据实际应用中的经验，数控加工工艺主要包括下列内容。

① 选择并决定零件的数控加工内容。

② 零件图样的数控工艺性分析。

③ 数控加工的工艺路线设计。

④ 数控加工工序设计。

⑤ 数控加工专用技术文件的编写。

其实，数控加工工艺设计的原则和内容在许多方面与普通加工工艺相同，下面主要针对不同点进行简要说明。

1. 数控加工工艺内容的选择

对于某个零件来说，并非全部加工工艺过程都适合在数控机床上完成，往往只是其中的一部分适合于数控加工。这就需要对零件图样工艺进行仔细分析，选择那些最适合、最需要进行数控加工的内容和工序。在选择并做出决定时，应结合本企业设备的实际，立足于解决难题、攻克关键和提高生产效率，充分发挥数控加工的优势。在选择时，一般可按下列顺序考虑。

① 通用机床无法加工的内容应作为优选内容。

② 通用机床难加工、质量也难以保证的内容应作为重点选择内容。

③ 通用机床效率低、工人手工操作劳动强度大的内容，可在数控机床尚存富余能力的基础上进行选择。

一般来说，上述这些加工内容采用数控加工后，在产品质量、生产效率与综合效益等方面都会得到明显提高。相比之下，下列一些内容则不宜采用数控加工。

① 占机调整时间长。如以毛坯的粗基准定位加工第一个精基准，要用专用工装协调的加工内容。

② 当加工部位分散，要多次安装、设置原点时，采用数控加工很麻烦，效果不明显，可安排通用机床加工。

③ 按某些特定的制造依据（如样板等）加工的型面轮廓。其主要原因是获取数据困难，易与检验依据发生矛盾，增加编程难度。

此外,在选择和决定加工内容时,也要考虑生产批量、生产周期、工序间周转情况等。总之,要尽量做到合理,达到多、快、好、省的目的。

2. 数控加工工艺性分析

在选择和决定数控加工内容的过程中,数控技术人员已经对零件图样进行过一些工艺性分析,但还不够具体与充分。在进行数控加工的工艺分析时,还应根据所掌握的数控加工基本特点及所用数控机床的功能和实际工作经验,力求把这一前期准备工作做得更仔细、更扎实一些,以便为下面要进行的工作铺平道路,减少失误和返工,不留隐患。

对图样的工艺性分析与审查,一般在零件图样设计和毛坯设计以后进行。在把原来采用通用机床加工的零件改为数控加工时,零件设计都已经定型,如我们再要求根据数控加工工艺的特点,对图样或毛坯进行较大的更改,一般是比较困难的,所以,一定要把重点放在零件图样或毛坯图样初步设计定型之间的工艺性审查与分析上。因此,编程人员要与设计人员密切合作,参与零件图样审查,提出恰当的修改意见,在不损害零件使用特性的许可范围内,更多地满足数控加工工艺的各种要求。

数控加工的工艺性问题,其涉及面很广,这里仅从数控加工的可能性与方便性两个角度提出一些必须分析和审查的主要内容。

(1) 尺寸标注应符合数控加工的特点

在数控编程中,所有点、线、面的尺寸和位置都是以编程原点为基准的。因此,零件图中最好直接给出坐标尺寸,或尽量以同一基准引注尺寸。这种标注法,既便于编程,也便于尺寸之间的相互协调,对保持设计、工艺、检测基准与编程原点设置的一致性方面带来很大方便。由于零件设计人员在尺寸标注中往往较多地考虑装配等使用特性,而不得不采取局部分散的标注方法,这样给工序安排与数控加工带来诸多不便。而事实上,由于数控加工精度及重复定位精度都很高,不会因产生较大的累积误差而破坏使用性能,因而改动局部的分散标注法为集中引注或坐标式尺寸是完全可以的。

(2) 几何要素的条件应完整、准确

在程序编制中,编程人员必须充分掌握构成零件轮廓的几何要素参数及各几何要素间的关系。因为在自动编程时要对构成零件轮廓的所有几何元素进行定义,手工编程时要计算出每一个节点的坐标,无论哪一点不明确或不确定,编程都无法进行。但由于零件设计人员在设计过程中考虑不周或被忽略,常常出现给出参数不全或不清楚,或自相矛盾处,如圆弧与直线、圆弧与圆弧到底是相切还是相交或相离状态?这就增加了数学处理与节点计算的难度。所以,在审查与分析图样时,一定要仔细认真,发现问题及时找设计人员更改。

(3) 定位基准可靠

在数控加工中,加工工序往往较集中,在对零件进行双面、多面的顺序加工时,以同一基准定位十分必要,否则很难保证两次安装加工后两个面上的轮廓位置及尺寸协调。所以,如零件本身有合适的孔,最好就用它来作定位基准孔,即使零件上没有合适的孔,也要想办法专门设置工艺孔来作为定位基准。如零件上实在无法制出工艺孔,可以考虑以零件轮廓的基准边定位或在毛坯上增加工艺凸耳,制出工艺孔,在完成定位加工后再去除此工艺凸耳的方法。

此外,在数控铣削工艺中也常常需要对零件轮廓的凹圆弧半径及毛坯的有关问题提一些特殊要求,这部分我们将在数控铣削编程中讨论。

3. 数控加工工艺路线的设计

数控加工的工艺路线设计与通用机床加工的工艺路线设计的主要区别在于它不是指从毛坯到成品的整个工艺过程,而仅是几道数控加工工序过程的具体描述。因此在工艺路线设计中一定要注意,另由于数控加工工序一般均穿插于零件加工的整个工艺过程中间,因而要与普通加工工艺衔接好。

另外,许多在通用机床加工时由工人根据自己的实践经验和习惯自行决定的工艺问题,如:工艺中各工步的划分与安排、刀具的几何形状、走刀路线及切削用量等,都是数控工艺设计时必须认真考虑的内容,需将其正确的选择编入程序中。在数控工艺路线设计中应主要注意以下几个问题。

(1)工序的划分

根据数控加工的特点,数控加工工序的划分一般可按下列方法进行。

① 以一次安装、加工作为一道工序。这种方法适合于加工内容不多的工件,加工完后就能达到待检状态。

② 以同一把刀具加工的内容划分工序。有些零件虽然能在一次安装中加工出很多待加工面,但其程序太长,会受到某些限制,如控制系统的限制(主要是内存容量),机床连续工作时间的限制,如一道工序在一个工作班内不能结束等。此外,程序太长会增加出错与检索困难。因此程序不能太长,一道工序的内容不能太多。

③ 以加工部位划分工序。对于加工内容很多的零件,可按其结构特点将加工部位分成几个部分,如内形、外形、曲面或平面。

④ 以粗、精加工划分工序。对于易发生加工变形的零件,由于粗加工后可能发生的变形而需要进行校形,故一般来说凡要进行粗、精加工的都要将工序分开。

总之,在划分工序时,一定要视零件的结构与工艺性、机床的功能、零件数控加工内容的多少、安装次数及本企业生产组织状况灵活掌握。零件是采用工序集中的原则还是采用工序分散的原则,也要根据实际情况合理确定。

(2)顺序的安排

顺序的安排应根据零件的结构和毛坯状况,以及定位安装与夹紧的需要来考虑,重点是保证工件的刚性不被破坏。顺序安排一般应按以下原则进行。

① 上道工序的加工不能影响下道工序的定位与夹紧,中间穿插有通用机床加工工序的也要综合考虑。

② 先进行内形内腔加工工序,后进行外形加工工序。

③ 以相同定位、夹紧方式或同一把刀具加工的工序,最好接连进行,以减少重复定位次数、换刀次数与挪动压板次数。

④ 在同一次安装中进行的多道工序,应先安排对工件刚性破坏较小的工序。

(3)数控加工工艺与普通工序的衔接

数控工序前后一般都穿插有其他普通工序,如衔接得不好就容易产生矛盾,因此在熟悉整个加工工艺内容的同时,要清楚数控加工工序与普通加工工序各自的技术要求、加工目的和加工特点。如要不要留加工余量,留多少;定位面与孔的精度要求及形位公差;对校形工序的技术要求;对毛坯的热处理状态等,这样才能使各工序达到相互满足加工需要,且质量目标及技术要求明确,交接验收有依据。

数控工艺路线设计是下一步工序设计的基础,其设计质量会直接影响零件的加工质量与生产效率,设计工艺路线时应对零件图、毛坯图认真消化,结合数控加工的特点灵活运用普通加工工艺的一般原则,尽量把数控加工工艺路线设计得更合理一些。

4. 数控加工工序的设计

当数控加工工艺路线设计完成后,各道数控加工工序的内容已基本确定,要达到的目标已比较明确,对其他一些问题(诸如刀具、夹具、量具、装夹方式等),也大体做到心中有数,接下来便可以着手数控工序设计。

在确定工序内容时,要充分注意到数控加工的工艺是十分严密的。因为数控机床虽然自动化程度较高,但自适应性差。它不能像通用机床,加工时可以根据加工过程中出现的问题比较自由地进行人为调整,即使现代数控机床在自适应调整方面做出了不少努力与改进,但自由度也不大。比如,数控机床在攻制螺纹时,它就不知道孔中是否已挤满了切屑,是否需要退一下刀,或清理一下切屑再干。所以,在数控加工的工序设计中必须注意加工过程中的每一个细节。同时,在对图形进行数学处理、计算和编程时,都要力求准确无误。因为,数控机床比同类通用机床价格要高得多,在数控机床上加工的也都是一些形状比较复杂、价值较高的零件,万一损坏机床或零件都会造成较大的损失,在实际工作中,由于一个小数点或一个逗号的差错而酿造重大机床事故和质量事故的例子也是屡见不鲜的。

数控工序设计的主要任务是进一步把本工序的加工内容、切削用量、工艺装备、定位夹紧方式及刀具运动轨迹确定下来,为编制加工程序做好充分准备。

(1)确定走刀路线和安排工步顺序

在数控加工工艺过程中,刀具时刻处于数控系统的控制下,因而每一时刻都应有明确的运动轨迹及位置。走刀路线就是刀具在整个加工工序中的运动轨迹,它不但包括了工步的内容,也反映出工步顺序。走刀路线是编写程序的依据之一,因此,在确定走刀路线时,最好画一张工序简图,将已经拟定出的走刀路线画上去(包括进、退刀路线),这样可为编程带来不少方便。工步的划分与安排一般可随走刀路线来进行,在确定走刀路线时,主要考虑以下几点。

① 寻求最短加工路线,减少空刀时间以提高加工效率。

② 为保证工件轮廓表面加工后的粗糙度要求,最终轮廓应安排在最后一次走刀中连续加工出来。

③ 刀具的进、退刀(切入与切出)路线要认真考虑,以尽量减少在轮廓切削中停刀(切削力突然变化造成弹性变形)留下刀痕,也要避免在工件轮廓面上垂直上下刀而划伤工件。

④ 要选择工件在加工后变形小的路线,对横截面积小的细长零件或薄板零件,应采用分几次走刀加工到最后尺寸或对称去余量法安排走刀路线。

(2)定位基准与夹紧方案的确定

在确定定位基准与夹紧方案时应注意下列三点。

① 尽可能做到设计、工艺与编程计算的基准统一。

② 尽量将工序集中,减少装夹次数,尽可能做到在一次装夹后就能加工出全部待加工表面。

③ 避免采用占机人工调整装夹方案。

（3）夹具的选择

由于夹具确定了零件在机床坐标系中的位置,即加工原点的位置,因而首先要求夹具能保证零件在机床坐标系中的正确坐标方向,同时协调零件与机床坐标系的尺寸。除此之外,主要还需考虑下列几点。

① 当零件加工批量小时,尽量采用组合夹具、可调式夹具及其他通用夹具。

② 当大批量或成批生产时才考虑采用专用夹具,但应力求结构简单。

③ 夹具的定位、夹紧机构元件不能影响加工中的走刀(如产生碰撞等)。

④ 装卸零件要方便可靠,以缩短准备时间,有条件时,批量较大的零件应采用气动或液压夹具、多工位夹具。

（4）刀具的选择

数控机床对所使用的刀具有许多性能上的要求,只有达到这些要求才能使数控机床真正发挥效率。在选择数控机床所用刀具时应注意以下几个方面。

① 良好的切削性能。现代数控机床正向着高速、高刚性和大功率方向发展,因而所使用刀具必须具有能够承受高速切削和强力切削的性能。同时,同一批刀具在切削性能和刀具寿命方面一定要稳定,这是由于在数控机床上为了保证加工质量,往往实行按刀具使用寿命换刀或由数控系统对刀具寿命进行管理。

② 较高的精度。随着数控机床、柔性制造系统的发展,要求刀具能实现快速和自动换刀;又由于加工的零件日益复杂和精密,这也要求刀具必须具备较高的形状精度。另外,对数控机床上所用的整体式刀具也提出了较高的精度要求,有些立铣刀的径向尺寸精度高达 $5\mu m$,以满足精密零件的加工需要。

③ 先进的刀具材料。刀具材料是影响刀具性能的重要环节。除了不断发展常用的高速钢和硬质合金钢材料外,涂层硬质合金刀具已在国内外普遍使用。硬质合金刀片的涂层工艺是在韧性较大的硬质合金基体表面沉积一薄层(一般 $5\sim7\mu m$)高硬度的耐磨材料,把硬度和韧性高度地结合在一起,从而改善硬质合金刀片的切削性能。

在如何使用数控机床刀具方面也应掌握一条原则:尊重科学,按切削规律办事。不同的零件材质,都有一个切削速度、背吃刀量、进给量三者互相适应的最佳切削参数。这对大零件、稀有金属零件、贵重零件更为重要,应在实践中不断摸索这个最佳切削参数。

在选择刀具时,要注意对工件的结构及工艺性认真分析,结合工件材料、毛坯余量及刀具加工部位综合考虑。在确定好以后,再把刀具规格、专用刀具代号和该刀所要加工的内容列表记录下来,供编程时使用。

（5）确定刀具与工件的相对位置

对于数控机床来说,在加工开始时,确定刀具与工件的相对位置很重要,它是通过对刀点来实现的。对刀点是指通过对刀确定刀具与工件相对位置的基准点。在程序编制时,不管实际上是刀具相对工件移动,还是工件相对刀具移动,都是把工件看作静止,而刀具在运动。对刀点往往就是零件的加工原点。它可以设在被加工零件上,也可以设在夹具上与零件定位基准有一定尺寸联系的某一位置。对刀点的选择原则如下:

① 所选的对刀点应使程序编制简单。

② 对刀点应选择在容易找正、便于确定零件的加工原点的位置。

③ 对刀点的位置应在加工时检查方便、可靠。

④ 有利于提高加工精度。

在使用对刀点确定加工原点时,都需要进行"对刀"。所谓对刀是指使"刀位点"与"对刀点"重合的操作。"刀位点"是指刀具的定位基准点。圆柱铣刀的刀位点是刀具中心线与刀具底面的交点,球头铣刀是球头的球心点;车刀是刀尖或刀尖圆弧中心,钻头是钻尖。

换刀点是为加工中心、数控车床等多刀加工的机床编程而设置的,因为这些机床在加工过程中间要自动换刀。对于手动换刀的数控铣床等机床,也应确定相应的换刀位置。为防止换刀时碰伤零件或夹具,换刀点常常设置在被加工零件轮廓之外,并要有一定的安全量。

(6) 确定加工用量

当编制数控加工程序时,编程人员必须确定每道工序的切削用量。确定时一定要根据机床说明书中规定的要求,以及刀具的耐用度去选择,当然也可结合实践经验采用类比的方法来确定切削用量。在选择切削用量时要充分保证刀具能加工完一个零件或保证刀具的耐用度不低于一个工作班,最少也不低于半个班的工作时间。

背吃刀量主要受机床刚度的限制,在机床刚度允许的情况下,应尽可能使背吃刀量接近零件的加工余量,这样可以减少走刀次数,提高加工效率。对于表面粗糙度和精度要求较高的零件,要留有足够的精加工余量,数控加工的精加工余量可以比普通机床加工的余量小一些。切削速度、进给速度等参数的选择与普通机床加工基本相同,选择时应注意机床的使用说明书。在计算好各部位与各把刀具的切削用量后,最好能建立一张切削用量表,其主要是为了防止遗忘和方便编程。

5. 数控加工专用技术文件的编写

编写数控加工专用技术文件是数控加工工艺设计的内容之一。这些专用技术文件既是数控加工的依据、产品验收的依据,也是需要操作者遵守、执行的规程;有的还是加工程序的具体说明或附加说明,目的是让操作者更加明确程序的内容、装夹方式、各个加工部位所选用的刀具及其他问题。

为加强技术文件的管理,数控加工专用技术文件也应标准化、规范化,但目前国内尚无统一标准,下面介绍几种数控加工专用技术文件,供参考使用。

(1) 数控加工工序卡

数控加工工序卡与普通加工工序卡有许多相似之处,所不同的是数控加工工序卡的草图中应注明编程原点与对刀点,要进行编程简要说明(如所用机床型号、程序介质、程序编号、刀具半径补偿方式、镜像加工对称方式等)及切削参数(即程序编入的主轴转速、进给速度、最大背吃刀量或宽度等)的决定。

在工序加工内容不十分复杂的情况下,用数控加工工序卡的形式较好,可以把零件草图、尺寸、技术要求、工序内容及程序要说明的问题集中反映在一张卡片上,做到一目了然。

（2）数控加工程序说明卡

实践证明,仅用加工程序单和工艺规程来进行实际加工还有许多不足之处。这是由于操作者对程序的内容不清楚,对编程人员的意图不够理解,经常需要编程人员到现场进行口头解释、说明与指导,这种做法在程序仅使用一两次就不再用了的场合还是可以的。但是,若程序是用于长期批量生产,则编程人员很难做到。再者,如程序编制人员临时不在现场或调离,已熟悉的操作工人不在场或调离,麻烦就更多了,弄不好会造成质量事故或临时停产。因此,对加工程序进行必要的详细说明是很有用的,特别是对于那些需要长时间保留和使用的程序尤其重要。

根据应用实践,一般应对加工程序做出说明的主要内容如下:

① 所用数控设备型号及数控系统型号。

② 对刀点(编程原点)及允许的对刀误差。

③ 加工原点的位置及坐标方向。

④ 镜像加工使用的对称轴。

⑤ 所用刀具的规格、图号及其在程序中对应的刀具号,必须按实际刀具半径或长度加大或缩小补偿值的特殊要求(如用同一条程序、同一把刀具利用改变刀具半径补偿值做粗精加工时)、更换该刀具的程序段号等。

⑥ 整个程序加工内容的安排(相当于工步内容说明与工步顺序),使操作者明白先干什么,后干什么。

⑦ 子程序的说明。对程序中编入的子程序应说明其内容,使人明白这一子程序是干什么的。

⑧ 其他需要做特殊说明的问题,如需要在加工中更换夹紧点、挪动压板的计划停车程序段号、中间测量用的计划停车段号、允许的最大刀具半径和长度补偿值等。

（3）数控加工走刀路线图

在数控加工中,常常要注意并防止刀具在运动中与夹具、工件等发生意外的碰撞,为此必须设法告诉操作者关于编程中的刀具运动路线(如从哪里下刀,在哪里抬刀,哪里是斜下刀等),使操作者在加工前就有所了解并计划好夹紧位置及控制夹紧元件的高度,这样可以减少上述事故的发生。此外,对有些被加工零件,由于工艺性问题,必须在加工中挪动夹紧位置,这也需要事先告诉操作者:在哪个程序段前挪动,夹紧点在零件的什么地方,然后更换到什么地方,需要在什么地方事先备好夹紧元件等,以防出现安全问题。这些用程序说明卡和工序说明卡是难以说明或表达清楚的,如用走刀路线图加以说明,效果就会更好。

为简化走刀路线图,一般可采取统一约定的符号来表示。不同的机床可以采用不同图例与格式,请注意后续几章的介绍。

（4）编写要求

数控加工专用技术文件在生产中通常可指导操作工人正确按程序加工,同时也可对产品的质量起保证作用,有的甚至是产品制造的依据。所以,在编写数控加工专用技术文件时,应像编写工艺规程一样准确、明了。

数控加工专用技术文件的编写基本要求如下:

① 字迹工整、文字简练达意。

② 草图清晰、尺寸标注准确无误。

③ 应该说明的问题要全部说得清楚、正确。

④ 文图相符、文实相符,不能互相矛盾。

⑤ 当程序更改时,相应文件要同时更改,须办理更改手续的要及时办理。

⑥ 准备长期使用的程序和文件要统一编号,办理存档手续,建立相应的管理制度。

(五)思考题

1. 数控机床加工程序的编制主要包括哪些内容?

2. 数控机床加工程序编制的方法有哪些? 它们分别适用什么场合?

3. 编程中常用的程序字有哪些? 其中顺序字与计算机高级语言程序中的标号有何区别?

4. 在数控机床加工中,应考虑建立哪些坐标系? 它们之间有何关系?

5. 在确定数控机床加工工艺内容时,应首先考虑哪些方面的问题?

6. 数控加工工序设计的目的是什么? 工序设计的内容有哪些?

7. 对刀点有何作用? 应如何确定对刀点?

8. 什么叫"刀位点"? 试用简图表示立铣刀、球头铣刀、车刀和钻头的刀位点。

9. 常用数控加工专用技术文件有哪些? 各有何作用?

数控车削编程与操作

轮廓线加工

项目知识
基本指令(G00、G01、G02、G03)的应用。
技能目标
轴的轮廓线车削。

任务1 项目分析

图 1-1 所示为普通轮廓轴零件,工件材料为 45♯钢。分析可知该类轴轮廓线由圆弧、直线和斜线构成,可分别用 G02/G03、G01 指令配合 G00 指令加工。

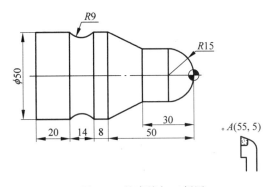

图 1-1 轮廓线加工例图

◆ **知识链接**

1. 快速定位 G00 指令

(1)功能
快速定位指令用于将刀具以快速进给的速度定位至目标点上。

（2）指令格式

G00 X(U)_Z(W)_；（X、Z 为目标点绝对坐标；U、W 为目标点增量坐标）

（3）注意事项

① G00 只能用于快速定位，不能用于切削。

② 使用 G00 指令时，刀具的实际运动路线并不一定是直线，而是一条折线，所以在使用时要注意刀具与工件发生干涉。

③ G00 移动速度是机床设定的空行程速度，执行时可通过倍率开关进行修调，而程序段中进给速度 F 对 G00 指令无效。

④ 车削时，快速定位目标点不能直接选在工件上，一般要离开工件 1～2mm。

⑤ 有的数控系统用 G00 编程时，也可以写成 G0，同理 G01、G02 和 G03 等指令中的 0 均可省略。

G00 是模态指令，它命令刀具以点定位控制方式从刀具当前点快速移动到目标位置，不移动的坐标可以省略。X 按直径编程，所以速度为 Z 轴的一半。该指令只是快速定位，而不对工件进行加工，可用绝对值编程（X、Z）和增量值编程（U、W）。如图 1-2 所示，刀具从当前点 A 快速移动到目标点 B。

绝对值编程：G00 X60.0 Z6.0；

增量值编程：G00 U−60.0 W−84.0；

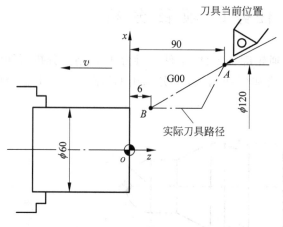

图 1-2　G00 快速进刀示意图

2. 直线插补 G01 指令

1）直接用法

（1）功能

命令刀具在两坐标间以 F 指令的进给速度进行直线插补运动。

（2）指令格式

G01 X(U)_ Z(W)_F_；（X、Z 为目标点绝对坐标；U、W 为目标点增量坐标）

（3）注意事项

① 使用 G01 指令可实现车削外圆、内孔等与 Z 轴平行的加工（称为纵切），此时只需

单独指定 Z 或 W,如图 1-3(a)所示。

② 可实现车削端面、沟槽等与 X 轴平行的加工(称为横切),只需单独指定 X 或 U,如图 1-3(b)所示;也可同时命令 X、Z 两轴移动车削锥面(称为锥切),需指定(X、Z)或(U、W),如图 1-3(c)所示。

图 1-3(a)的指令格式为 G01 Z−10.0 F0.2;,图 1-3(b)的指令格式为 G01 X10.0 F0.2;,图 1-3(c)的指令格式为 G01 X50.0 Z−35.0 F0.2;。

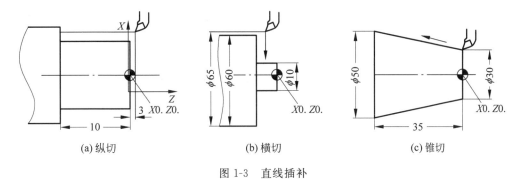

(a) 纵切   (b) 横切   (c) 锥切

图 1-3   直线插补

2) 45°(直角处)倒角

(1) 功能

倒角是 G01 在数控车床中的特殊用法,在两相邻轨迹之间插入直线倒角。

(2) 指令格式一

G01 Z(W)＿ I ±i;

说明:由轴向切削向端面切削倒角,即由 Z 轴向 X 轴倒角,i 的正负由倒角向 X 轴正向还是负向决定,如图 1-4(a)所示。

(3) 指令格式二

G01 X(U)＿ K ±k;

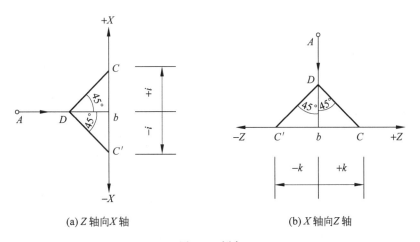

(a) Z 轴向 X 轴   (b) X 轴向 Z 轴

图 1-4   倒角

说明：由端面切削向轴向切削倒角，即由 X 轴向 Z 轴倒角，k 的正负由倒角向 Z 轴正向还是负向决定，如图 1-4(b)所示。

3）45°（直角处）倒角例题

如图 1-5 所示，进行直角处倒角，编程如下。

N05 G01 Z－20.0 I4.0 F0.4;
N10 X50.0 K－2.0;
N15 Z－40.0;

4）任意角度倒角

（1）功能

在两相邻轨迹之间插入任意角度直线倒角，如图 1-6 所示。

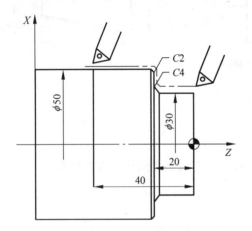
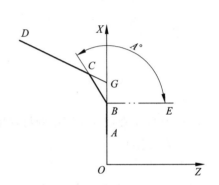

图 1-5　直角处倒角编程例题　　　　图 1-6　任意角度倒角示意图

（2）指令格式

有以下两种指令格式。

第 1 种指令格式：

G01 X__ Z__ C__ F__;（X、Z 为 G 点坐标）

第 2 种指令格式：

G01 X_B__ Z_B__;（X_B、Z_B 为倒角起点坐标）

X_C__（或 Z_C__)A;（A 为角度，X_C、Z_C 为倒角终点坐标）

（3）注意事项

① 第 1 种指令格式中，X、Z 是两直线的交点坐标，即 G 点坐标；数值 C 为假设 G 点到倒角始点 B 或倒角终点 C 的距离，刀具路径为点 $A \rightarrow B \rightarrow C \rightarrow D$。但是这种方式倒角有局限性，即△BGC 只能是等腰三角形。

② 在第 1 种指令格式中，使用绝对坐标编程时，X、Z 是 G 点坐标；使用相对坐标编程时，X、Z 是 G 点相对于起始直线轨迹 A 点的增量。

③ 使用第 2 种指令格式时，A（角度）有正、负之分，水平线逆时针转到直线 BC，A 为正值；顺时针则 A 为负值。刀具应先定位到 B 点，给定角度后，再输入倒角终点 C 坐标，

这种方式对角度没有限制,即△BGC可以是任意三角形。

例如对图 1-6 各点赋值,$D(95,-35)$,线段 $BG=GC=5$,$B(45,0)$,$G(55,0)$,$A=122°$,计算得 $C(58.62,-2.65)$,编程如下。

第 1 种指令格式:

G01 X55.0 Z0 C-5.0 F0.1;

X95.0 Z-35.0;

第 2 种指令格式:

G01 X45.0 Z0 F0.1;

X58.62(或 Z-2.65) A122.0;

X95.0 Z-35.0;

当然在坐标已知情况下,第 2 种指令可以采用最普通的编程方式:

G01 X45.0 Z0 F0.1;

X58.62 Z-2.65;

X95.0 Z-35.0;

5)任意角度倒角例题

加工如图 1-7 所示的轴轮廓线,编程如下。

O0002;

N01 T0101;

N02 M03 S600;

N03 G00 X70.0 Z70.0;　　　　　　(刀具定位)

N04 G01 X1.0;　　　　　　　　　　(车端面)

N05 G00 X20.0;

N07 G01 X26.0 Z67.0 F0.3;　　　　(倒角 C3)

N09 Z48.0 C3.0;　　　　　　　　　(再倒角 C3)

N11 X65.0 Z34.0 C-2.0;　　　　　　(倒角 C2)

N13 G01 Z0;　　　　　　　　　　　(切削至 L 点)

N15 G00 X80.0;　　　　　　　　　　(X 方向快速退刀)

N17 X200.0 Z200.0;　　　　　　　　(快回换刀点)

N19 M05;

N21 M30;

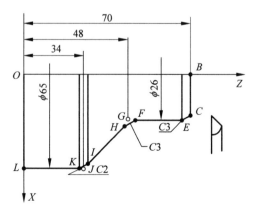

图 1-7　任意角度倒角

6）直角处倒圆

（1）功能

在两相邻轨迹之间插入圆角。

（2）指令格式一

G01 Z(W)_R±r；

由轴向切削向端面切削倒圆角，即由 Z 轴向 X 轴倒圆角，r 的正负由倒圆角向 X 轴正向还是负向决定，如图 1-8(a)所示。

（3）指令格式二

G01 X(U)_R±r；

由端面切削向轴向切削倒圆角，即由 X 轴向 Z 轴倒圆角，r 的正负由倒圆角向 Z 轴正向还是负向决定，如图 1-8(b)所示。

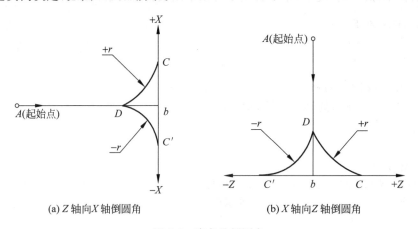

(a) Z 轴向 X 轴倒圆角   (b) X 轴向 Z 轴倒圆角

图 1-8   直角处倒圆角

需要指出的是，直角倒圆可以使用 G02 或 G03 指令实现，而且常用这种格式。

7）直角倒圆例题

对图 1-9 所示的轴进行直角处倒圆，编程如下。

```
N03 G01 Z-20.0 R4.0 F0.3;
N04 X50.0 R-2.0;
N05 Z-40.0;
```

8）任意角度倒圆

（1）功能

在直线段进给程序段尾部加 R，可自动插入任意角度的倒圆角，R 为倒圆角半径。

（2）指令格式

G01 X_Z_R_；

（3）注意事项

① 该命令同任意角度倒角相似（可参考图 1-6），X、Z 是两直线的交点坐标，刀具路径从始点经 $R10$ 圆弧到终点，如图 1-10 所示。

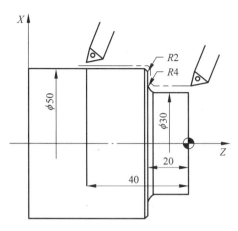

图 1-9　直角处倒圆角

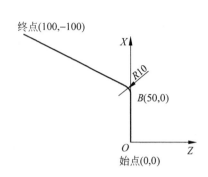

图 1-10　任意角度倒圆角

② 使用绝对坐标编程时,X、Z 是相邻直线的交点坐标;使用相对坐标编程时,X、Z 是两直线交点相对于始点的增量。

③ 任意角度倒圆与直角倒圆方法一样,以后不予区分。

应用例题:如图 1-10 所示,进行任意角度倒圆角,程序如下。

```
N02 G01 X50.0 Z0 R-10.0 F0.1;
N04 X100.0 Z-100.0;
```

3. 圆弧插补 G02、G03 指令

(1) 功能

可以进行顺时针(CW)/逆时针(CCW)的圆弧切削。刀具按给定的进给速度 F 作圆弧切削,即从当前位置(圆弧的始点),沿圆弧移动到指令给出的目标位置(圆弧的终点),从而切出圆弧轮廓。

(2) 圆弧插补方向判别

G02 为顺时针,G03 为逆时针。

(3) 指令格式

$$\left.\begin{matrix} G02 \\ G03 \end{matrix}\right\} X\_Z\_ \quad \left\{\begin{matrix} R\_ \\ I\_K\_ \end{matrix}\right\} F\_;$$

(4) 注意事项

① G02、G03 均为模态指令。

② 圆弧插补方向的判别:如图 1-11 所示,沿与圆弧所在平面垂直的另一坐标轴的正向向负向看去,顺时针为 G02,逆时针为 G03。

③ 格式中 X、Z 为圆弧终点坐标,可以是绝对坐标,也可以是增量坐标。

④ I_ K_为圆心坐标相对于圆弧起始点坐标的增量,I 为半径量。

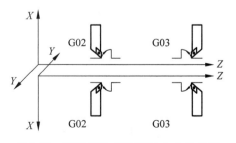

图 1-11　圆弧插补 G02/G03 方向的规定

⑤ 若在同一程序段中同时定义了 I、K、R 时，R 有效。

⑥ R 为圆弧半径，当圆弧所对的圆心角小于 $180°$ 时，R 取正，反之取负值。

⑦ 受刀具结构限制，数控车床不可能加工出一个 $180°$ 以上的圆弧。

(5) G03 编程例题

如图 1-12 所示，当刀具从 B 点移动到 A 点时，进行圆弧插补指令编程。

① 用 I、K 方式绝对坐标编程：G03 X100.0 Z−20.0 I0 K−20.0 F0.3。

② 用 I、K 方式相对坐标编程：G03 U40.0 W−20.0 I0 K−20.0 F0.3。

③ 用 R 方式绝对坐标编程：G03 X100.0 Z−20.0 R20.0 F0.3。

(6) 圆弧插补例题

用 $\phi35\text{mm}$ 的毛坯车削如图 1-13 所示的工件，程序如下。

```
O0005;
N01 T0101;
N03 M03 S600;
N05 G00 X35.0 Z5.0;
N07 G00 X0;
N09 G01 Z0 F0.3;
N11 G03 U25.05 W−23.25 R15.0;      (逆时针加工 R15 圆弧)
N13 G02 X33.41 Z−31.0 R5.0;        (顺时针加工 R5 圆弧)
N15 G01 Z−40.0;
N17 G00 X40.0
N19 G00 X150.0 Z200.0;             (两个方向退刀)
N21 M05;
N23 M30;
```

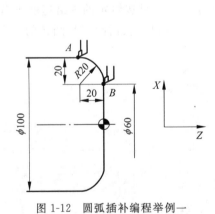

图 1-12　圆弧插补编程举例一　　　　　图 1-13　圆弧插补编程举例二

任务 2　程 序 编 制

1. 工艺分析

(1) 零件几何特点

如图 1-14 所示，轴零件主要加工轮廓为圆柱面、锥面和圆弧的面，各尺寸见图样，表

面粗糙度均为 $6.3\mu m$。

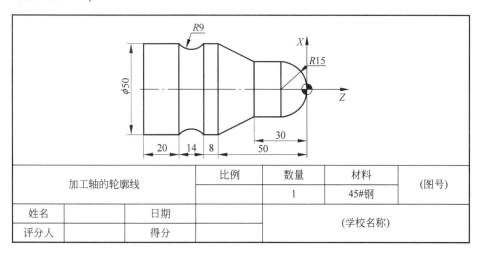

加工轴的轮廓线		比例	数量	材料	(图号)
			1	45#钢	
姓名		日期		(学校名称)	
评分人		得分			

图 1-14 轴的轮廓加工

（2）加工工序

根据零件结构选用 $\phi52mm \times 100mm$ 的棒料，毛坯外形已基本完成，材料为 45♯ 钢，选用 CK6140VA 数控机床即可达到要求。以外圆为定位基准→用卡盘卡紧→车平端面（已完成）→对刀→调试程序→从右至左依次加工各轮廓线。工序刀具及切削参数选择见表 1-1。

表 1-1 刀具及切削参数（轴的轮廓加工）

序号	加 工 轮 廓	刀具号	刀具规格		主轴转速 /(r/min)	进给速度 /(mm/r)
			类 型	材 料		
1	车平端面	T01	端面车刀	硬质合金	500	0.12
2	依次加工凸圆、直线、斜线、直线、凹圆、直线	T02	75°外圆车刀		1000	0.12

（3）测量工具

采用游标卡尺或千分尺进行测量。

2．参考程序

确定工件坐标系和对刀点：如图 1-14 在 XOZ 平面内确定以工件右端面轴心线上的中点为工件原点，建立工件坐标系。采用手动试切方法对刀，对 75°外圆车刀建立刀补，程序如下。

```
O0010;                      （程序号）
N05 T0202;                  （调用 2 号刀）
N10 M03 S1000;              （启动主轴）
N15 G00 X55.0 Z5.0;         （编程起点）
N20 X0;                     （刀具移至 0,5）
N25 G01 Z0.0 F0.12;         （以进给速度移至点 0,0）
N30 G03 X30.0 Z－15.0 R15.0;  （加工 R15 的圆弧）
```

N35 G01 Z－30.0；　　　　　　　　（加工 X 轴切轮廓至 Z－30 的位置）
N40 G01 X50.0 Z－50.0；　　　　　（加工锥面）
N45 Z－58.0；　　　　　　　　　　（加工轴向长为 8 的圆柱面）
N50 G02 X50.0 Z－72.0 R9.0；　　（加工 R9 的圆弧）
N55 G01 Z－95.0；　　　　　　　　（加工轴向长为 20 的圆柱面）
N60 G00 X55.0；　　　　　　　　　（X 方向退刀）
N65 X150.0 Z200.0；　　　　　　　（快回换刀点）
N70 M05；　　　　　　　　　　　　（主轴停转）
N75 M30；　　　　　　　　　　　　（程序结束）

任务 3　控制面板操作

各指导教师可按本校机床面板讲解，以下机床面板可作教学参考。

1. 车床基本结构

图 1-15 所示为某车削加工中心。由于其在普通数控车床上增加了 C 轴和动力头，因此加工功能大大增强，除可以进行一般车削外，还可以进行径向和轴向铣削、曲面铣削、中心线不在零件回转中心孔和径向孔的钻削加工。

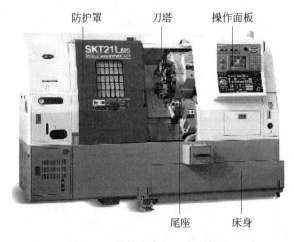

图 1-15　数控车床加工中心外形

2. 控制面板操作说明

数控车削系统 FANUC 0i Mate-TB 的操作控制面板由 CRT/MDI 面板和用户操作面板组成。同一操作系统的 CRT/MDI 面板功能基本相同，而用户操作面板根据各厂家的不同而略有区别。

(1) CRT/MDI 面板

CRT/MDI 面板如图 1-16 所示，它主要用来显示各功能画面信息，在不同的功能状态下，它显示的内容也不相同。在显示屏下方，其有一排功能软键，通过它们可在不同的功能画面之间切换，显示用户所需要的信息。右侧是 MDI 键盘，用来输入字母、数字以及其他字符。FANUC 数控车床的 CRT/MDI 面板的各键功能见表 1-2 所示。

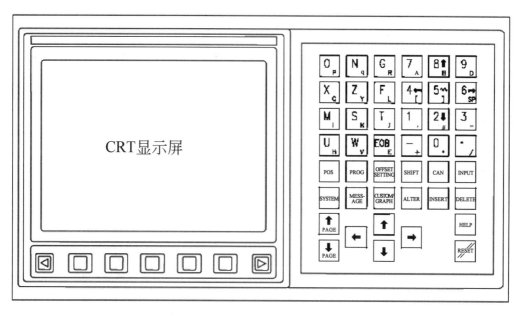

图 1-16　CRT/MDI 面板

表 1-2　CRT/MDI 面板各键功能说明

功 能 键	名 称	功 能 说 明
POS	显示位置键	在 CRT 上显示刀具现在的位置，可以以绝对、相对和综合坐标方式显示
PROG	程序键	编辑方式：编辑和显示在内存中的程序。 MDI 方式：输入和显示 MDI 数据
OFFSET/SETTING	偏值/设定键	该键为补偿功能时，可用来显示工件或刀具长度的补偿值。而转至设定功能时，可将之前的补偿值设定于参数值内
SHIFT	换挡键	切换地址/数字键上不同的符号或字母
CAN	取消键	取消所输入的数字或字母
INPUT	输入键	除编辑程序方式以外的情况，当面板上按下字母或数字键以后，须按下此键才能到 CNC 内。另外，与外部设备通信时，按下此键，才能启动输入设备，开始输入数据到 CNC 内
SYSTEM	系统显示键	显示及设定系统参数、节距误差的补偿或自我诊断参数资料
MESSAGE	信息键	显示显示屏上出现的警示信息、外部操作员所留信息或信息历史记录
CUSTOM/GRAPH	图形键	可显示加工过程中的动作图形
ALTER	替换键	在程序编辑模式中，该键用来改变数字或字母
INSERT	插入键	在程序编辑模式中，该键用来插入数字或字母
DELETE	删除键	该键用来删除某一程序段或某一程序
PAGE ↑↓	翻页键	用来寻找显示屏资料，将屏幕显示内容向前或向后翻一页
→←↑↓	方向键	作为游标移动方向使用
HELP	帮助键	用来显示如何操作机床的信息画面
RESET	复位键	复位 CNC 系统，包括取消报警等

（2）用户操作面板

图 1-17 所示为友嘉数控集团生产的全能型数控车床用户面板，其上有按键、旋钮、指示灯等典型图形。

图 1-17　用户操作面板

① NC 电源开关和程序保护钥匙装置。NC 电源开关见图 1-18 所示的左图。电源开关按键用来控制 NC 电源。

程序保护钥匙装置见图 1-18 所示的右图。使用该装置可以有效保护 NC 程序，如在"ON"状态，程序处于保护状态，无法修改。

② 紧急停止按钮开关。如图 1-19 所示，在机床的操作面板上有一个红色蘑菇头急停按钮开关，如果发生危险情况时，立即按下急停按钮，机床则全部动作停止并且复位，该按钮同时自锁，当险情或故障排除后，将该按钮顺时针旋转一个角度即可复位。

③ 操作方式选择。如图 1-20 所示，这 8 个键是操作方式的选择键，用于选择机床的操作方式。任何情况下，仅能选择一种操作方式，且被选择方式的指示灯亮。操作方式选择键说明见表 1-3 所示。

图 1-18　电源开关按键

图 1-19　紧急停止按钮开关

图 1-20　操作方式选择

表 1-3　操作方式选择键说明

选键	方　　式	功　　能
EDIT	编辑(EDIT)方式	该方式是输入、修改、删除、查询、检索工件加工程序的操作方式。在输入、修改、删除程序操作前,将程序保护开关打开。在这种方式下,工件程序不能运行
AUTO	自动操作(AUTO)方式	该方式是按照程序的指令控制机床连续自动加工的操作方式。自动操作方式所执行的程序在循环启动前已装入数控系统的存储器内,所以这种方式又称为存储程序操作方式
MDI	手动数据输入(MDI)方式	该方式主要用于两个方面,一是修改系统参数;二是用于简单的测试操作,即通过数控系统(CNC)键盘输入一段程序,然后按循环启动键执行
TEACH	程式教学(TEACH)方式	程式教学在手动方式
MPG	手摇脉冲(MPG)进给方式	按下手摇脉冲键,机床处于手摇脉冲进给操作方式。操作者可以使用手轮(手摇脉冲发生器)来控制刀架前后、左右移动。其速度快慢可随意调节,非常适合于近距离对刀等操作
JOG	手动操作(JOG)方式	按下手动操作方式键,机床进入手动操作方式。这种方式下可以实现所有手动功能的操作,如主轴的手动操作、手动选刀、冷却液开关、X、Z 轴的点动等
INC JOG	手动寸动(INC JOG)方式	即为增量寸动进给
HOME	返回参考点(HOME)方式	按下返回参考点键,相应键的指示灯亮,机床处于返回参考点操作方式

④ 程序循环启动与程序暂时停止执行按钮。程序循环启动(CYCLE START)与程序暂时停止执行(FEED HOLD)按钮见图 1-21 所示。在自动操作方式(AUTO)和手动数据输入方式(MDI)下都用循环启动按钮来启动程序的执行。在程序执行期间,其指示灯亮。在自动操作(AUTO)和 MDI 方式下,在程序执行期间,按下程序暂时停止执行按钮,其指示灯亮,程序执行被暂停。在按下循环启动键后,进给暂停键指示灯灭,程序继续执行。

⑤ 倍率开关。图 1-22 的上、下、右图分别表示进给倍率修调旋钮、主轴倍率修调旋钮和快速进给倍率修调旋钮,这些旋钮可分别调整切削进给速度、主轴转速和快速进给速度。

在程序运行期间,可以随时利用进给倍率修调旋钮开关对程序中给定的进给速度进行调整,以达到最佳的切削效果。调节范围为 0%～150%,但正常情况下进给倍率开关不能放在零位。

图 1-21　程序循环启动与暂时
停止执行按钮

图 1-22   进给倍率调整开关

⑥ 机床状态显示灯。机床状态显示灯(6 个)通常位于操作面板的左上方的模块,显示灯的功能见表 1-4 所示。

表 1-4   机床状态显示灯的功能

图形	名 称	功 能
	各轴回参考点指示灯	若各轴已回到原点位置,相应指示灯会亮,表示各轴准备妥当,可以执行下一道命令。刚开机或按下机床锁紧键后都要做各轴回参考点的动作
	夹头夹紧指示灯	当夹头在夹紧的状态时,灯会亮(内/外径钥匙在内径时,夹头张开为夹紧状态;在外径时,夹头内缩为夹紧状态)
	M02/M30 指示灯	执行 M02/M30 时,灯会亮
	润滑进给警告灯	当润滑油供给短缺或供给不正常时,警示灯会亮且荧幕会显示相关警告信息
	冷却切削液供给警告灯	当切削冷却液供给短缺或供给不顺,警示灯会亮

⑦ 操作按键。操作按键见图 1-23 所示,各按键功能需根据用户要求选配,各按键功能见表 1-5 所示。

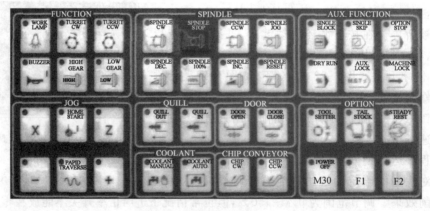

图 1-23   数控车床操作按键

表 1-5　机床操作按键功能

按键	功　　能	按键	功　　能
WORK LAMP	工作灯控制开关	TURRET CW	刀塔正转（按一下换一把刀）
TURRET CCW	刀塔反转	BUZZER	蜂鸣器控制开关
HIGH GEAR HIGH	主轴高挡控制开关	LOW GEAR LOW	主轴低挡控制开关
HOME START	回参考点执行	RAPID TRAVERSE	快速位移执行
X	执行 X 轴	Z	执行 Z 轴
—	执行坐标轴负向	+	执行坐标轴正向
SPINDLE CW	主轴顺时针方向旋转	SPINDLE CCW	主轴逆时针方向旋转
SPINDLE STOP	主轴停止转动	SPINDLE JOG	主轴寸动开关（持续按着该键，主轴旋转 200 转，测试工件是否夹好）
SPINDLE DEC.	主轴旋转减速（按一次减速 10%，最多减到 50%）	SPINDLE INC.	主轴旋转增速（按一次加速 10%，最多加到 120%）
SPINDLE 100%	主轴全速旋转	SPINDLE RESET	主轴重设（当按程序暂时停止键时，要让主轴也停止则按此键。再按程序启动键时，主轴会再转动）
QUILL OUT	顶针顶按键开关（控制顶针的顶工件动作）	QUILL IN	顶针缩按键开关（控制顶针的缩回去动作）
DOOR OPEN	舱门开	DOOR CLOSE	舱门关
COOLANT MANUAL	冷却切削液手动控制（冷却切削液要动作必须主轴旋转及关舱门）	COOLANT AUTO	冷却切削液自动控制（按此键冷却切削液马达由 M08/M09 控制）

续表

按键	功　能	按键	功　能
CHIP CW	控制排屑机正转	CHIP CCW	控制排屑机反转
SINGLE BLOCK	程序执行单节指令(按此键则执行程序的一个单节)	BLCOK SKIP	指令群组跳略(若程序中某一指令群组出现"/"且按下此键,程序会跳过此指令,执行下一道指令。未按此键,不论有无"/",指令会继续执行)
OPTION STOP	选择性停止(当按下此键且程序中遇到 M01 指令时,程序会自动停止执行)	DRY RUN	程序预演(程序循环执行过程中,程序内 F 及快速进给不被接受,改以参数设定值执行)
AUX. LOCK	程序测试(程序自动操作模式,按下此键则 M、S、T 及 B 功能均停止执行)	MACHINE LOCK	机床锁紧(在手动操作或循环中,按此键可使所有轴停止移动,但相对坐标会随程序改变)
TOOL SETTER	侦测臂上/下	TAIL STOCK	尾座夹/松开关
STEADY REST	中心架夹紧	POWER OFF M30	当执行到程序中的 M30 时,该键亮显示
F1	程序再启动	F2	冲屑

3. 数控车床基本操作

(1) 开关数控车床的顺序

开机:接通总电源→开 NC 电源开关(显示屏左侧绿色按钮)→开急停开关(右旋即可)→回机床原点。

关机:将刀具移至安全位置→关急停开关→关 NC 电源→关总电源。

(2) 回机床原点的步骤

① 在手动模式(寸动、快速进给、手轮模式)下将刀具移至安全位置。

② 选择"原点复归"模式,按"+X"键,则 X 轴自动原点复归。

③ 按"+Z"键,则 Z 轴自动原点复归。

(3) 机床操作基本注意事项

① 零件加工前,首先一定要检查机床是否正常运行,其可通过试车完成。例如利用单程序段,进给倍率或机械锁住等方法,或在机床上不装工件和夹具时检查机床的正确运行。如果未能确认机床动作的正确性,机床可能出现误动作,甚至有可能损坏工件、机床或伤害操作者。

② 操作机床之前,请仔细地检查输入的数据。如果使用了不正确的数据,机床可能出现误动作,还有可能引起工件的损坏、机床本身的损坏或使操作者受伤。

③ 确保指定的进给速度与所要进行的机床操作相适应。通常每一台机床都有最大许可进给速度。合适的进给速度可根据不同的操作而变化。可参阅机床出厂提供的参数说明书来确定最大的进给速度。

④ 在机床通电后,CNC 装置尚未出现位置显示或报警画面之前,请不要碰 MDI 面板上的任何键。MDI 面板上的有些键专门用于维护和特殊的操作。按下其中的任何键,都可能使 CNC 装置处于非正常状态。在这种状态下启动机床,有可能引起机床的误动作。

⑤ 在接通机床电源后,需要进行手动返回参考点。在手动返回参考点前,行程检查功能不能用。注意当不能进行行程检查时,即使出现超程,系统也不会发出警报,这有可能会造成刀具、机床本身、工件的损坏,甚至伤及操作者。

⑥ 机床在程序控制下运行时,如果在机床停止后进行加工程序的编辑(修改、插入或删除),然后再次启动机床恢复自动运行,机床将会发生不可预料的动作。一般来说,当加工程序还在使用时,请不要修改、插入或者删除其中的命令。

⑦ FANUC 0i 系统程序中表示长度的坐标,其数值书写必须有小数点,否则数值向左移动三位小数;例如 X 轴移动 100mm,应写为 $X100.$(例题中为避免混淆写为 $X100.0$),若写为 $X100$ 则表示移动 0.1mm。

任务 4　对刀及坐标设定

1. 刀具安装的注意事项

① 刀具必须在主轴停止情况下进行安装。当采用手动模式选择扭转范围时,需注意避免触及移动按键或手轮,致使刀架移动,以确保安全。

② 安装刀具时须注意刀具的伸出,以避免干涉情形的发生。

③ 安装刀具时须确实地将刀具固定螺丝及刀片的固定螺丝锁紧。

④ 不使用的切削水孔,请用螺丝锁上,避免切削进入冷却机构造成阻塞。

2. 对刀前的准备

① 按加工工艺顺序安装刀具。

② 刀尖要与中心高一致,刀杆伸出长度要合理,装夹要牢固。

③ 毛坯伸出长度要合理,装夹要牢固。

3. 转速的确定

主轴转速的确定方法,除螺纹加工外,其他与普通车削加工时一样,应根据零件上被加工部位的直径,并按零件和刀具的材料及加工性质等条件所允许的切削速度来确定。在实际生产中,主轴转速可用下面公式计算。

$$n = 1000v/\pi d$$

式中,n 为主轴转速(r/min);

v 为切削速度(m/min);

d 为为零件待加工表面的直径(mm)。

在确定主轴转速时,首先要确定其切削速度,而切削速度又与切削深度和进给量有关。

4. 数控机床坐标系

(1) 数控机床坐标系

数控车床所使用的坐标系有两个:一个是机械坐标系;另外一个是工件坐标系。在机床的机械坐标系中设有一个固定的参考点(X,Z)。这个参考点的作用主要是用来给机床本身一个定位。因为每次开机后无论刀架停留在哪个位置,系统都把当前位置设定为$(0,0)$,这样势必造成基准的不统一,所以每次开机的第一步操作为参考点回归(有的称为回零点),也就是通过确定(X,Z)来确定原点$(0,0)$。

为了计算和编程方便,我们通常将工件(程序)原点设定在工件右端面的回转中心上,尽量使编程基准与设计、装配基准重合。机械坐标系是机床唯一的基准,所以必须要弄清楚程序原点在机械坐标系中的位置,它通常在接下来的对刀过程中完成。

(2) 对刀点、刀位点、换刀点

所谓对刀是指使"刀位点"与"对刀点"重合的操作。每把刀具的半径与长度尺寸都是不同的,刀具装在机床上后,应在控制系统中设置刀具的基本位置。"刀位点"是指刀具的定位基准点。如图1-24所示,车刀的刀位点是刀尖或刀尖圆弧中心点。"对刀点"是指通过对刀确定刀具与工件相对位置的基准点。对刀点设置在夹具上与零件定位基准有一定尺寸联系的某一位置,对刀点往往选择在零件的工件(程序)原点。"换刀点"常常设置在被加工零件的轮廓之外,在刀具旋转时不与工件和机床设备发生干涉的一个安全位置。

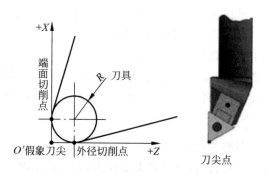

图 1-24　车刀刀位点示意图

(3) 工件坐标系

确定工件坐标系有以下三种方法。

① 通过对刀将刀偏值写入参数,从而获得工件坐标系。这种方法操作简单,可靠性好,它通过刀偏与机械坐标系紧密地联系在一起,只要不改变刀偏值,工件坐标系就会存在且不会变,即使断电,重启后回参考点,工件坐标系还在原来的位置。建议一般使用这种方法来建立工件坐标系。

② 用G50来设定坐标系,其对刀后需将刀移动到G50设定的位置后才能加工。对刀时先对基准刀,其他刀的刀偏都是相对于基准刀而定的。

③ 利用 MDI 参数,运用 G54～G59 可以设定 6 个坐标系,这种坐标系相对于参考点是不变的,与刀具无关。这种方法适用于批量生产且工件在卡盘上有固定装夹位置的加工。

5. 确定工件坐标系的步骤

(1) 刀具试切对刀

① 用外圆车刀先试车一外圆柱面,如图 1-25 所示,Z 方向退刀,X 方向不要移动,停止主轴,测量切削后直径值 A,将数值 A 输入图 1-26 所示 OFFSET 界面的刀具几何形状中"X",按下测量键即可。

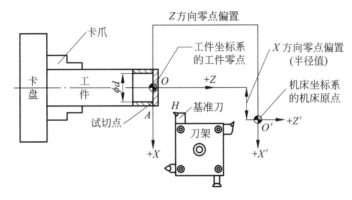

图 1-25 外圆车刀试车外圆柱面

② 用外圆车刀车平端面,X 方向退刀,Z 方向不要移动,停止主轴,将数值"$Z0$"输入图 1-26 所示 OFFSET 界面的刀具几何形状中"Z",按下测量键即可。

③ 其他刀具分别尽可能接近试切过的外圆柱面和端面,把第一把刀的 X 方向测量值和 $Z0$ 直接输入到 OFFSET 工具补正/形状界面里相应刀具对应的刀补号 X、Z 中,按测量键即可。

④ 刀具刀尖半径值可直接进入编辑运行方式输入到 OFFSET 工具补正/形状界面里相应刀具对应的刀补号 R 中。

(2) 用 G50 设置工件零点

① 用外圆车刀先试车一外圆,测量外圆直径后,把刀沿 Z 轴正方向后退一些,切端面到中心(X 轴坐标减去直径值)。

② 选择 MDI 方式,输入 G50 X0 Z0,启动 START 键,把当前点设为零点。

③ 选择 MDI 方式,输入 G0 X150.0 Z150.0,使刀具离开工件进刀加工。

④ 编程序时程序开头为 G50 X150.0 Z150.0。

图 1-26 试切对刀的补正输入界面

工具补正/形状		00006	N0000	
番号	X	Z	R	T
G01	−260.000	−395.833	0.000	0.000
G02	0.000	0.000	0.000	0.000
G03	0.000	0.000	0.000	0.000
G04	0.000	0.000	0.000	0.000
G05	0.000	0.000	0.000	0.000
G06	0.000	0.000	0.000	0.000
G07	0.000	0.000	0.000	0.000
G08	0.000	0.000	0.000	0.000

现在位置(相对坐标)
U −260.000 W −395.833

> _ 　　　　　　OS 50% T000
EDIT **** *** *** 14:07:25
[No检索] [测量] [C输入] [+输入] [输入]

⑤ 注意：用 G50 X150.0 Z150.0，起点和终点必须一致，即 X150.0 Z150.0，这样才能保证重复加工不乱刀。

⑥ 其他刀具分别尽可能接近试切过的外圆面和端面，把第一把刀的 X 方向测量值和 $Z0$ 直接输入到 OFFSET 工具补正/形状界面里相应刀具对应的刀补号 X、Z 中，按测量键即可。

⑦ 刀具刀尖半径值可直接进入编辑运行方式输入到 OFFSET 工具补正/形状界面里相应刀具对应的刀补号 R 中。

(3) 用 G54～G59 设置工件零点

① 用外圆车刀先试车一外圆，测量外圆直径后，把刀沿 Z 轴正方向退点，切端面到中心。

② 把当前的 X 和 Z 轴坐标直接输入到 G54～G59 里，如图 1-27 所示，程序直接调用为 G54 X50.0 Z50.0…。

③ 注意：可用 G53 指令清除 G54～G59 工件坐标系。

工件坐标系设定 00006 N0000
番号
00 X 0.000 02 X–120.000
(EXT) Z 0.000 (G55) Z–200.000
01 X –120.000 03 X–120.000
(G54) Z –200.000 (G56) Z–200.000
>_ OS 50% T000
EDIT **** *** *** 14:28:28
[补正] [SETTING] [ ] [坐标系] [操作]

图 1-27 G54～G59 输入截面

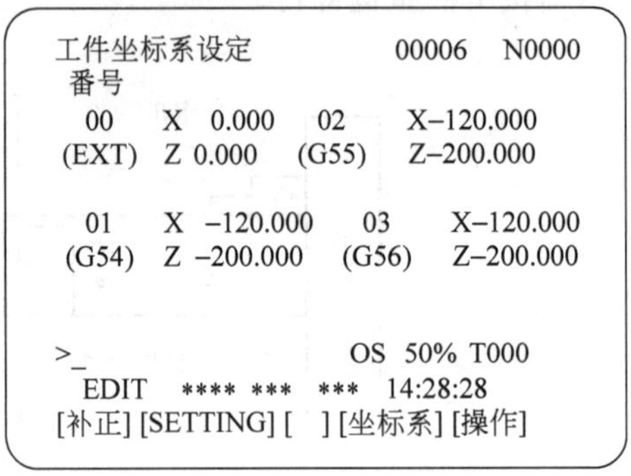

④ 其他刀具分别尽可能接近试切过的外圆面和端面，把第一把刀的 X 方向测量值和 $Z0$ 直接输入到 OFFSET 工具补正/形状界面里相应刀具对应的刀补号 X、Z 中，按测量键即可。

⑤ 刀具刀尖半径值可直接进入编辑运行方式输入到 OFFSET 工具补正/形状界面里相应刀具对应的刀补号。

任务 5 仿真操作训练

(1) 用基本指令 G01、G02、G03 编程加工图 1-28 所示的零件轮廓，毛坯基本形状已完成。

1.6
R4
R14
11°
1.6
R6
ϕ28 0 −0.025
ϕ20 0 −0.02
ϕ20 0 −0.02
ϕ12
ϕ12 0 −0.02
1.6
13
18
5
41
91±0.05

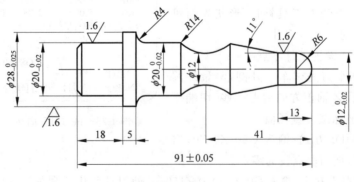

图 1-28

（2）用基本指令 G01、G02、G03 编程加工图 1-29 所示的零件轮廓，毛坯基本形状已完成。

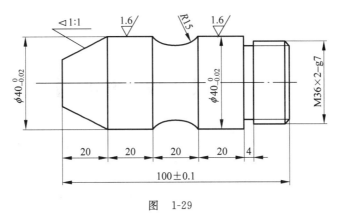

图 1-29

（3）用基本指令 G01、G02、G03 编程加工图 1-30 所示的零件轮廓，毛坯基本形状已完成。

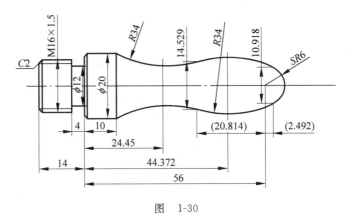

图 1-30

阶梯轴加工

项目知识
单一固定循环指令（G90、G94）的应用。
技能目标
车阶梯轴或盘类零件。

任务 1　项目分析

加工如图 2-1 所示的阶梯轴，并与图 2-2 所示的直端面轴比较。毛坯为 $\phi60\text{mm}\times100\text{mm}$ 的棒料，材料为 45♯钢。分析可知，毛坯余量相对较大，若用 G01 加工，则程序冗长。该零件外形简单，可采用单一固定循环指令 G90、G94 加工，程序简单、紧凑。图 2-1 所示零件轴向余量较大，可用 G90 完成；图 2-2 所示零件径向余量较大，可用 G94 完成。

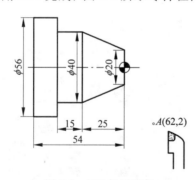

图 2-1　G90 加工零件

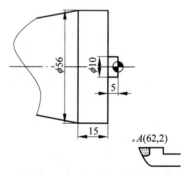

图 2-2　G94 加工零件

◆ 知识链接

1. 单一固定循环 G90 指令

（1）功能

G90 指令用于切削轴向余量比径向余量多的工件，可加工圆柱面或圆锥面。

（2）指令格式

G90X(U)_Z(W)_R_F_;

其中，X、Z 为切削终点坐标；

U、W 为切削终点相对于循环起点的增量坐标；

R 为切锥体大小端的半径差，切正锥 R 为负值，切倒锥 R 为正值，切圆柱面时为零，可省略；

F 为进给速度，单位为 mm/min，用 G98 实现；或单位为 mm/r，用 G99 实现。

（3）单一固定循环指令使用特点

基本指令 G01、G02、G03、G04、G32 等只能使刀具产生一个动作，在某些粗车等工序中，切削余量大，通常要在同一轨迹上重复切削多次，使程序烦琐，这时可采用固定循环指令，如 G90 和 G94。固定循环是预先给定一系列操作，用来控制机床位移或主轴运转，完成"切入→切削→退刀→返回循环点"一系列加工动作，其可以缩短程序长度，减少所占内存。

（4）注意事项

G90 为模态代码，使用 G90 循环指令进行粗车加工时，每次车削一层余量，当需要多次进刀时，只需按背吃刀量依次改变 X 的坐标值，循环过程将依次重复执行。为提高加工效率，可将每次循环的起始点沿 X 轴负方向移动。

（5）单一固定循环指令 G90 的切削路径图解和应用例题

① G90 切削圆柱面的路径图解。如图 2-3 所示，刀具运动的顺序是先快速至工件(1R)，依次沿 Z 轴(2F)和 X 轴进给(3F)，最后快速退到循环点 A(4R)，刀具运动轨迹为矩形。当加工余量较大时，需要多次进刀，重复上述循环动作。

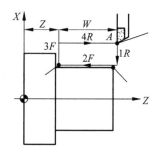

图 2-3 G90 切削圆柱面循环路径

② G90 切削圆柱面的应用例题。应用 G90 指令切削图 2-4 所示零件，毛坯为 $\phi 55\text{mm} \times 60\text{mm}$ 的棒料，材料为铝。分三次走刀，每次背吃刀量为 2.5mm，循环点设在(55,2)，程序如下。

```
O0901;
N0002 T0101;
N0004 M03 S600;
N0008 G00 X55.0 Z2.0;           （固定循环点为55,2）
N0010 G90 X45.0 Z−25.0 F0.2;    （第1次切削循环，相当于4条指令,G00 X45.0; G01 Z−25.0;
                                 G01 X55.0; G00 Z2.0）
N0012 X40.0;                    （第2次切削循环）
N0014 X35.0;                    （第3次切削循环）
N0016 G00 X150.0 Z100.0;        （退刀）
N0018 M05;
N0020 M30;
```

③ G90 切削圆锥面的路径图解。切削路径如图 2-5 所示，其形状左大右小是正锥面，走平行梯形轨迹，需计算锥度值 R。

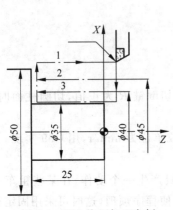

图 2-4　G90 柱面加工实例

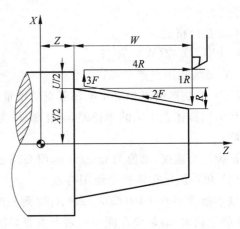

图 2-5　G90 切削圆锥面循环路径

④ G90 切削圆锥面的应用例题。应用 G90 指令切削图 2-6 所示的零件,毛坯为 ϕ45mm×90mm 的棒料,材料为铝。背吃刀量为 2.5mm,分三次走刀,$R=-5.25$,切正锥 R 取负值,循环点设在(50,2),编程如下。

```
O0902；
N0002 T0101；
N0004 M03 S600；
N0008 G00 X50.0 Z2.0；          （循环点为 50,2）
N0010 G90 X40.0 Z−40.0 R−5.25 F0.2  （第 1 次切削循环）
N0012 X35.0；                    （第 2 次切削循环）
N0014 X30.0；                    （第 3 次切削循环）
N0016 G00 X150.0 Z200.0；         （退至换刀点）
N0018 M05；
N0020 M30；
```

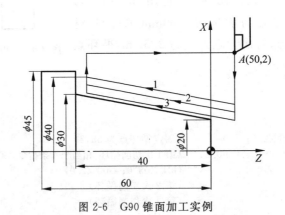

图 2-6　G90 锥面加工实例

2. 单一固定循环 G94 指令

（1）功能

G94 指令用于切削径向余量比轴向余量多的工件,适用于端面路径循环的切削加工,可车直端面和锥端面。

（2）指令格式

G94 X(U)_Z(W)_R_F_；

其中，X、Z 为切削终点坐标；

U、W 为切削终点相对于循环起点的增量坐标；

R 为切锥端面时切削起点 A 相对于切削终点 B 的 Z 向有向距离，切直端面时为零，可省略；

F 为进给速度。

（3）G94 指令的应用

① 直端面切削循环。刀具循环路径如图 2-7 所示，由 $1R \rightarrow 2F \rightarrow 3F \rightarrow 4R$ 构成一个矩形循环。A 为循环起点，B 为循环终点。

G94 切削直端面例题：应用 G94 指令切削图 2-7 所示零件，毛坯为 $\phi50\text{mm} \times 60\text{mm}$ 的棒料，材料为铝。背吃刀量为 3mm，分 5 次走刀，循环点为(55,5)，程序如下。

```
O0941；
N02 G50 S1800；              （切削阶梯轴，控制主轴最大速度）
N04 G96 S600 M03；           （表示控制主轴转速，使切削点的线速度始终保持 180mm/min）
N06 T0101；
N08 G00 X55.0 Z5.0；         （循环点为 55,5）
N10 G94 X20.0 Z－3.0 F0.2；   （第 1 次切削循环）
N12 Z－6.0；                  （第 2 次切削循环）
N14 Z－9.0；                  （第 3 次切削循环）
N16 Z－12.0；                 （第 4 次切削循环）
N18 Z－15.0；                 （第 5 次切削循环）
N20 G00 X300.0 Z150.0；       （快回换刀点 300,150）
N22 M05；
N24 M30；
```

② 锥端面切削循环。循环路径为梯形，须加 Z 向有向距离 R，切正端面 R 为负值，如图 2-8 所示；切倒端面 R 为正值，如图 2-9 所示。

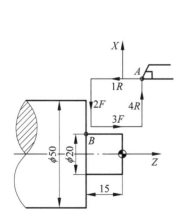

图 2-7 直端面切削循环 G94 路径

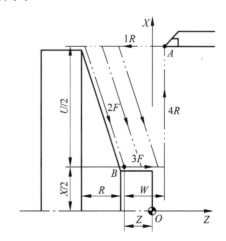

图 2-8 G94 切削正锥端面路径 U、W、$R < 0$

用 G94 加工图 2-10 所示轴端面,毛坯直径 ϕ82mm,程序如下。

```
O0942;
N02 G50 S1800;                    (切削阶梯轴,控制主轴最大速度)
N04 G96 S600 M03;
N06 T0101;
N08 G00 X85.0 Z2.0 M08;           (循环点为 85,2,打开切削液)
N10 G94 X20.0 Z-3.0 R-10.833 F0.2; (第 1 次切削循环)
N12 Z-6.0;                        (第 2 次切削循环)
N14 Z-8.0;                        (第 3 次切削循环)
N16 G00 X150.0 Z150.0 M09;        (快回换刀点 150,150,关闭切削液)
N18 M05;
N20 M30;
```

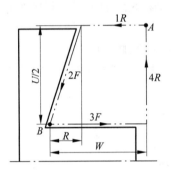

图 2-9　G94 切削倒锥端面路径 U、$W<0$,
$R>0$,$|R|<|W|$

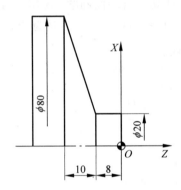

图 2-10　G94 锥端面加工实例

任务 2　程 序 编 制

1. 工艺分析

(1) 零件几何特点

如图 2-11 所示零件主要加工面为端面的 ϕ20mm、ϕ40mm、ϕ56mm 的外圆;各外圆长度尺寸如图所示,表面粗糙度为 6.3μm。

(2) 加工工序

根据零件结构选用毛坯为 ϕ60mm×100mm 的棒料,工件材料为 45♯钢,选用 CK6140 机床即可达到要求。

以外圆 ϕ60 为定位基准,用卡盘夹紧,其工艺过程如下:

① 车平端面,对刀。

② 外圆粗车循环,用 G90 指令。

③ 切断,宽 5mm 的切断刀,用 G01 指令。

(3) 各工序刀具及切削参数选择

各工序刀具及切削参数的选择如表 2-1 所示。

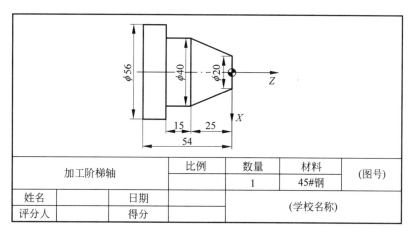

加工阶梯轴		比例	数量	材料	(图号)
			1	45#钢	
姓名		日期		(学校名称)	
评分人		得分			

图 2-11　车阶梯轴题图

表 2-1　刀具及切削参数(车阶梯轴)

序号	加工轮廓	刀具号	刀具规格		主轴转速/(r/min)	进给速度/(mm/r)
			类　型	材料		
1	车平端面、对刀	T01	端面车刀	硬质合金	500	0.12
2	外圆粗车	T02	90°外圆车刀		800	0.2
3	外圆精车	T02	90°外圆车刀		1000	0.1
4	切断	T03	切断刀		500	0.1

(4) 测量工具

采用游标卡尺或千分尺进行测量。

2. 参考程序

确定工件坐标系和对刀点。如图 2-11 在 XOZ 平面内确定以工件右端面轴心线上的中点为工件原点,建立工件坐标系。采用手动试切方法对刀,对 2 号和 3 号刀建立刀补,参考程序如下。

```
O0020;                        (程序名)
N01 T0202;                    (调用 2 号刀)
N05 M03 S800;                 (启动主轴)
N10 G00 X62.0 Z2.0;           (编程循环点 62,2)
N12 G90 X58.0 Z-56.0 F0.2;    (第 1 次调用 G90 切削 ϕ56mm 圆柱,第 1 次走刀)
N15 X56.0;                    (第 2 次走刀,背吃刀量 1mm)
N20 G90 X54.0 Z-40;           (第 2 次调用 G90 切削 ϕ40mm 圆柱,第 1 次走刀)
N25 X52.0;
N30 X50.0;
N35 X48.0;
N40 X46.0;
N45 X44.0;
N50 X42.0;
N55 X40.0;
N60 G90 X58.0 Z-25.0 R-10.8 F0.2;(第 3 次调用 G90 切削右锥面,第 1 次走刀)
```

N65 X56.0；
N70 X54.0；
N75 X52.0；
N80 X54.0；
N85 X50.0；
N90 X48.0；
N95 X46.0；
N100 X44.0；
N105 X42.0；
N110 X40.0；   （第 11 次走刀，切削终点坐标为 40，－25）
N115 G00 X200.0 Z200.0；   （快速退刀）
N120 T0303；   （调用 3 号刀）
N125 M03 S500；
N130 G00 X60.0；
N135 Z－59.0；   （切断刀定位）
N140 G01 X1.0 F0.1；   （切断轴）
N145 G00 X65.0；
N150 X200.0 Z200.0；   （快速退刀）
N155 M05；   （主轴停转）
N160 M30；   （程序结束）

任务 3   量 具 使 用

1. 游标卡尺

游标卡尺是一种中等精度量具,它可以直接测量出工件的外径、孔径、长度、宽度、深度和孔距等尺寸,外形如图 2-12 所示。

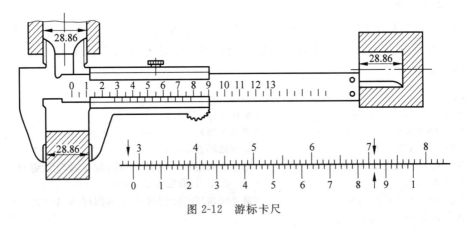

图 2-12   游标卡尺

（1）游标卡尺的结构

游标卡尺主要由主尺(每 1 小格为 1mm)和副尺(每 1 小格的宽度视游标卡尺的精度不同而不同)两大部分组成,结构如图 2-13 所示。

游标卡尺的读数示值有 0.1mm、0.05mm、0.02mm 三种,本身的示值总误差分别为 ±0.1mm、±0.05mm、±0.02mm。

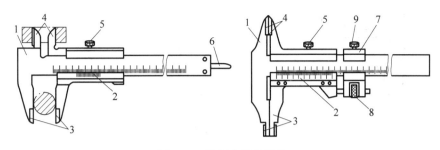

图 2-13　游标卡尺的结构

1—主尺；2—副尺(游标)；3—外量爪；4—内量爪；5、9—紧定螺钉；

6—测深杆；7—微动装置；8—微调螺钉

（2）游标卡尺的刻线原理

下面以 0.02mm 精度的游标卡尺为例，当游标卡尺的两测量卡爪合拢时，副尺零线与主尺零线对齐，同时副尺的第 50 条刻线与主尺上的第 49 条刻线对齐，如图 2-14 所示，即副尺将主尺的 49mm 长度等分了 50 等份，故副尺每 1 小格为 $49 \div 50 = 0.98$mm，主尺与副尺每格之差为 $1 - 0.98 = 0.02$mm，此差值即为该游标卡尺的测量精度。

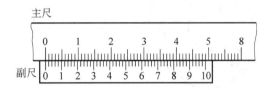

图 2-14　0.02mm 精度的游标卡尺读数

（3）游标卡尺的读数方法

首先读出副尺零线以左的主尺上的整毫米数，见图 2-12，图中为 28mm；再在副尺上找出与主尺刻线对齐的那一条刻线，将"线数"×"精度"得出尺寸的毫米小数值，图 2-12 中为 $43 \times 0.02 = 0.86$mm；将主尺上读出的整数值和副尺上读出的小数值相加，即得出测量值，图中为 $28 + 0.86 = 28.86$mm。

（4）用游标卡尺测量尺寸的方法

① 测量前，应检查校对零位的准确性。擦净量爪两测量面，并将两测量面合拢，如无透光现象（或有极微的均匀透光）且尺身与游标的零线正好对齐，说明游标卡尺零位准确。否则，说明游标卡尺的两测量面已有磨损，会使测量的示值不准确，故必须对读数加以相应的修正。

② 测量时，所用的测量力以两量爪刚好接触零件表面为宜。应防止主尺歪斜，读数时，应把卡尺水平拿着，在光线明亮的地方，视线垂直于刻线表面，避免由斜视角造成的读数误差，如图 2-15 所示。

③ 使用后，卡尺要平放，使用完毕后应放在专用的盒内。

2. 外径千分尺

外径千分尺也叫螺旋测微器，是生产中最常用的精密量具之一，如图 2-16 所示。

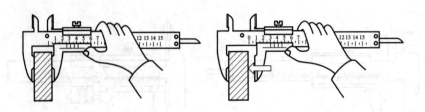

(a) 游标卡尺的测量方法

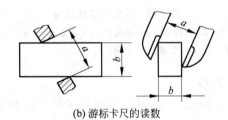

(b) 游标卡尺的读数

图 2-15　游标卡尺的测量与读数

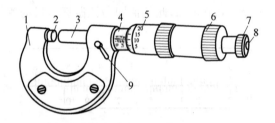

图 2-16　外径千分尺的结构

1—尺架；2—砧座；3—测微螺杆；4—固定套管；5—活动套筒；

6—微分套筒；7—螺母；8—微调螺钉；9—锁紧装置

（1）外径千分尺的结构

外径千分尺的规格按其测量的范围进行分类，常用的有 0～25、25～50、50～75、75～100、100～125 等，使用时应按被测工件的尺寸进行选用。

（2）外径千分尺的刻线原理

测微螺杆右端螺纹的螺距为 0.5mm，当微分套筒转一周时，螺杆就移动 0.5mm。微分套筒圆锥面上共刻有 50 格，因此微分套筒每转一格，螺杆就移动 $0.5 \div 50 = 0.01$mm，即外径千分尺的测量精度。

（3）外径千分尺的读数方法

① 首先读出微分套筒边缘以左固定套管的毫米数和半毫米数。

② 读出微分套筒上哪一格与固定套管上的基准线对齐，并将"格数"×0.01mm，得出不足半毫米的数。

③ 把以上两个读数相加，就可得出测量的实际尺寸。

④ 举例。图 2-17 的读数分别为 6.05mm 和 35.62mm。

（4）用外径千分尺测量尺寸的方法

① 根据被测工件的尺寸选用合适的外径千分尺，在测量前首先要校正零位。

② 测量时,测微螺杆的轴线应与测量表面垂直,并正确使用测力装置。

③ 读数时,最好不要取下千分尺,如果需要取下读数,应先锁紧测微螺杆,然后轻轻取下,防止尺寸变动。

④ 使用后,千分尺要平放,使用完毕后应放在专用的盒内。

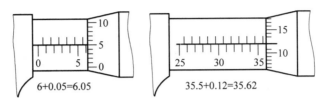

6+0.05=6.05   35.5+0.12=35.62

图 2-17　外径千分尺的读数方法

任务 4　仿真操作训练

（1）选用单一固定循环指令 G90 或 G94 编程加工图 2-18 所示的零件,已知毛坯尺寸为 $\phi 35\text{mm} \times 60\text{mm}$。

（2）选用单一固定循环指令 G90 或 G94 编程加工图 2-19 所示的零件,已知毛坯尺寸为 $\phi 35\text{mm} \times 60\text{mm}$。

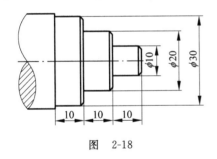

图　2-18

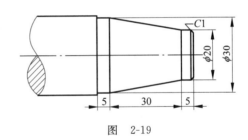

图　2-19

复杂轴加工

项目知识
多重固定循环指令（G71、G72、G70）的应用。
技能目标
加工复杂轮廓轴。

任务1　项目分析

① 加工图 3-1 所示的复杂轮廓轴，毛坯尺寸为 $\phi50\text{mm}\times150\text{mm}$，材料为 45♯钢；

② 加工图 3-2 所示的复杂轮廓轴，毛坯尺寸为 $\phi120\text{mm}\times60\text{mm}$，材料为 45♯钢。

图 3-1 和图 3-2 所示的零件轮廓都有一个共同特点，在 X 和 Z 轴方向坐标值是单调增加或减小。要加工的零件有较复杂的形状，如圆弧、锥度、槽、台阶等。上述情况若用单一固定循环指令 G90、G94 加工，虽然能完成切削任务，但程序烦琐。这种情况下可使用多重复合固定循环指令，可将多次重复动作用一个程序段来表示，以便有效地简化加工程序。

图 3-1 和图 3-2 所示零件的不同点，图 3-1 所示轴的轴向余量较大，用内外径粗加工循环指令 G71 加工合理；图 3-2 所示轴的径向余量较大，用端面粗加工循环指令 G72 加工较合理。

◆ 知识链接

1. 内外径粗加工循环指令 G71

（1）功能

G71 主要用于棒料毛坯粗车外径和圆筒毛坯料粗车内孔，一般用于余量较多的情况。

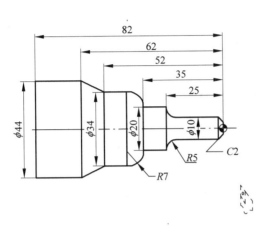
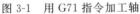
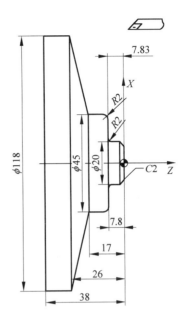

图 3-1 用 G71 指令加工轴　　　　　　　　图 3-2 用 G72 指令加工轴

（2）指令格式

G71 U(Δd) R(e)

G71 P(ns) Q(nf) U(Δu) W(Δw) F(f) S(s) T(t)

N(ns)…

…F(f)S(s) ┐ 描述工件轮廓的程序段，是粗、精加工中循环轨迹计算的依据，

N(nf)… ┘ 其中的 f、s 是精加工参数。

G70 P(ns) Q(nf)

其中，Δd 为每次切削背吃刀量，以半径值表示，无符号；

e 为每次切削后的退刀量；

ns 为粗、精加工循环的起始程序段号；

nf 为粗、精加工循环的结束程序段号；

Δu 为 X 轴方向精加工余量，以直径值表示，外径加工 Δu>0，内孔加工 Δu<0；

Δw 为 Z 轴方向精加工余量；

f 为粗车时进给量；

s 为粗车时主轴转速；

t 为车削前选用的刀具，一般省略。

需要注意的是 G71 指令为粗车循环，不能单独使用，须配合精车循环指令 G70，详细介绍请参见指令 G70 的相关介绍。

（3）多重固定循环指令 G71 的路径图解和应用例题

① G71 切削路径图解。图 3-3 为 G71 粗车外圆的加工路径。F 是进给，R 是快速进给，A 是毛坯外径与端面轮廓的交点，C 是固定循环点。使用 G71 指令可以实现背吃刀量 Δd，精加工余量 Δu/2 和 Δw 的粗加工循环。对于 FANUC 系统来说，车削的路径必

须是单调递增或递减,即不可有内凹的轮廓。

② G71 切削应用例题。加工如图 3-4 所示零件,已知毛坯是 ϕ50mm 的棒料。分析采用 G71 和 G70 指令,粗车背吃刀量为 1.5mm,退刀量为 0.2mm,X 轴方向精加工余量为 0.8mm,Z 轴方向精加工余量为 0.3mm,进给量为 0.2mm/r,主轴转速为 600r/min,循环点设为(55,5),程序如下。

```
O0071;
N02 T0101;                    (第 1 把刀为外圆车刀)
N04 M03 S600;                 (主轴转速为 600r/min)
N06 G00 X55.0 Z5.0;           (设置循环点 C)
N08 G71 U1.5 R0.2;            (外径粗车固定循环)
N10 G71 P12 Q22 U0.8 W0.3 F0.2; (F0.2 是粗车速度)
N12 G00 X10.0;                (不能有 Z 向位移)
N14 G01 Z-10.0 F0.1;          (F0.1 是精车速度)
N16 G03 X40.0 Z-20.0 R20.0    (倒圆角 R20)
N18 G01 Z-30.0;
N20 X50.0 Z-40.0;
N22 G01 X55.0;                (X 轴向退刀)
N24 G00 X200.0 Z200.0;        (两个轴向退刀)
N26 T0202;                    (换精车刀)
N28 M03 S1000;                (提高转速)
N30 G00 X55.0 Z5.0;           (回到循环点)
N32 G70 P12 Q22;              (精车循环开始)
N34 G00 X200.0 Z200.0;        (两个轴向退刀)
N36 M05;
N38 M30;
```

从 N12 到 N22 为 G71 循环加工轮廓描述。

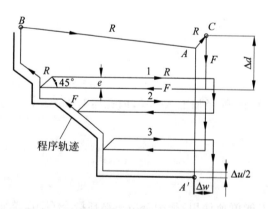

图 3-3　内外径粗加工循环 G71 的加工路径

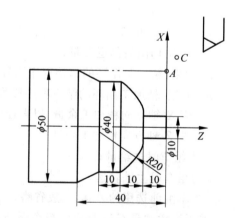

图 3-4　G71 的加工实例

2. 端面粗加工循环指令 G72

(1) 功能

G72 主要用于切除直径方向的切除余量比轴向余量大的情况。

（2）指令格式

G72 W(Δd) R(e)

G72 P(ns) Q(nf) U(Δu) W(Δw) F(f) S(s) T(t)

N(ns)...

...F(f)S(s) ⎫ 描述工件轮廓的程序段，是粗、精加工中循环轨迹计算的依据，

N(nf)...   ⎬ 其中的 *f*、*s* 是精加工参数。

G70 P(ns) Q(nf) ⎭

指令中各参数意义同 G71。

（3）多重固定循环指令 G72 的路径图解和应用例题

① G72 切削路径图解。图 3-5 为 G72 粗车外圆的加工路径。F 是进给，R 是快速进给，A 是毛坯外径与端面轮廓的交点，C 是固定循环点，从 A′ 到 B 的程序中，X、Z 数值必须是单调递增或单调递减的。

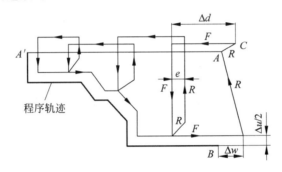

图 3-5 端面粗加工循环 G72 的加工路径

② G72 切削应用例题。加工如图 3-6 所示零件，已知毛坯尺寸为 ϕ150mm×120mm。根据零件的尺寸特性用 G72 和 G70 指令加工，粗车背吃刀量为 3mm，退刀量为 0.2mm，X 轴方向精加工余量为 1mm，Z 轴方向精加工余量为 0.5mm，进给量为 0.2mm/r，主轴转速为 600r/min，循环点设为（156，2），程序如下。

```
O0072；
N02 T0101；              （第 1 把刀为外圆车刀）
N04 M03 S600；            （主轴转速为 600r/min）
N06 G00 X156.0 Z2.0；     （设置循环点 C）
N08 G72 W3.0 R0.2；       （端面粗车固定循环）
N10 G72 P12 Q18 U1.0 W0.5 F0.2；
N12 G00 Z－108.0；         （不能有 X 向位移）
N14 G01 X120.0 Z－60.0 F0.1；  （精车速度是 F0.1）
N16 Z－35.0；
N18 X80.0 Z0
N20 X200.0 Z100.0；        （两个轴向退刀）
N22 T0202；
N24 M03 S1000；
N26 G00 X156.0 Z2.0；
```

N28 G70 P12 Q18；
N30 G00 X200.0 Z100.0；
N32 M05；
N34 M30；

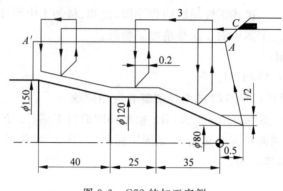

图 3-6   G72 的加工实例

3. 精加工循环指令 G70

（1）功能

使用 G71、G72、G73 指令完成零件的粗车加工之后，可以用 G70 指令进行精加工，切除粗车循环中留下的余量。

（2）指令格式

G70 P(ns) Q(nf)；

（3）注意事项

① G70 指令在程序中不能单独出现，可分别与 G71、G72、G73 配合使用。

② G70 为执行 G71(G72 或 G73)粗加工循环指令以后的精加工循环指令，在 G70 指令程序段内要给出精加工程序第一个程序段的顺序号和最后一个程序段的顺序号。

③ 包含在粗车循环 G71 程序段中的 F、S、T 对粗车有效，包含在 ns 到 ns 中的 F、S、T 对于粗车无效，而对精车有效。

④ 使用粗加工固定循环 G71、G72、G73 指令后，必须使用 G70 进行精车，使工件达到尺寸精度和表面粗糙度要求。

（4）指令 G70 的应用例题请参见 O0071 和 O0072

4. 多重复合循环指令

实际加工中，常常需要加工复杂的轮廓，用普通指令 G01、G02、G03 和单一循环指令 G90、G94 编程会造成程序复杂，浪费编程时间，不可取，而需用多重复合循环指令，如 G71、G72、G73 等。多重复合循环指令的最大特点是只需在指令中设定每次的车削深度、精车余量、进给量等参数，以及最终走刀轨迹和重复次数，数控系统便可计算出粗车的刀具路径，自动进行重复切削直到加工结束，因此可以节约编程时间，提高加工效率。常用的多重复合循环指令如表 3-1 所示。

表 3-1 多重复合循环指令

指令(或代码)	名 称	备 注	
G70	精加工循环	应用 G70 进行精加工	能够进行刀尖半径补偿
G71	外径粗加工循环		
G72	端面粗加工循环		
G73	固定形状粗加工循环		
G74	间断纵面切削循环	不能进行刀尖半径补偿	
G75	间断端面切削循环		
G76	自动螺纹加工循环		

任务 2 程 序 编 制

1. 车轴向余量较多阶梯轴的工艺分析

(1) 零件几何特点

如图 3-7 所示零件主要加工面为倒角、圆柱、内圆角、外圆角、锥面等,各长度尺寸如图样所示,表面粗糙度为 $6.3\mu m$。

(2) 加工工序

根据零件结构选用毛坯 $\phi 50mm \times 150mm$ 的棒料,工件材料为 45♯ 钢,选用 CAK6140VA 机床即可达到要求。

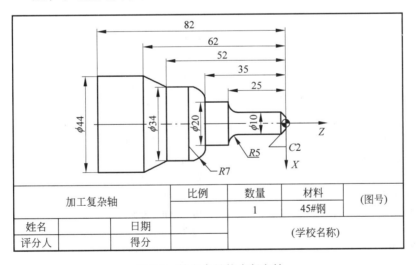

加工复杂轴	比例	数量	材料	(图号)
		1	45#钢	
姓名	日期	(学校名称)		
评分人	得分			

图 3-7 轴向余量较多复杂轴

以外圆 $\phi 60mm$ 为定位基准,用卡盘夹紧,其工艺过程如下:

① 车平端面,各车刀对刀。

② 外圆粗车循环,X、Z 方向单调递增,轴向余量较多,可用 G71 指令,X、Z 各单方向留 0.2mm 的精车余量。

③ 外圆精车循环,用 G70 指令,达到尺寸要求。

④ 切断,切断刀宽 5mm,用 G01 指令,注意切断处应靠近卡盘,以免引起零件振动,切削速度应低些,尤其快切断时,应放慢进给速度,以防刀头折断。

(3) 各工序刀具及切削参数选择

各工序刀具及切削参数选择见表 3-2 所示。

(4) 测量工具

采用游标卡尺或千分尺进行测量。

表 3-2　刀具及切削参数(轴向余量较多复杂轴)

序号	加工轮廓	刀具号	刀具规格		主轴转速 /(r/min)	进给速度 /(mm/r)
			类型	材料		
1	车平端面、各车刀对刀	T01	端面车刀		600	0.2
2	外圆粗车	T02	75°外圆车刀	硬质合金	800	0.2
3	外圆精车	T02	75°外圆车刀		1000	0.1
4	切断	T03	切断刀		400	0.1

2. 参考程序

确定工件坐标系和对刀点:在图 3-7 所示 *XOZ* 平面内确定以工件右端面轴心线上的中点为工件原点,建立工件坐标系。采用手动试切方法对刀,对 2 号刀和 3 号刀建立刀补,参考程序如下。

```
O0030;
N005 T0202;                       (调取 2 号刀)
N010 M03 S800;                    (主轴正转)
N020 G00 X52.0 Z2.0;              (固定循环点为 52,2)
N030 G71 U2.0 R0.1;               (用 G71 指令,进刀量为 2mm,退刀量为 0.1mm)
N040 G71 P050 Q150 U0.4 W0.2 F0.2; (两个方向各留 0.2mm 的精车余量)
N050 G00 X6.0;                    (从程序号 50 到 150 为循环程序段)
N060 G01 Z0 F0.1;                 (刀尖移至倒角延长线上)
N070 X10.0 Z-2.0;                 (倒角 C2)
N080 Z-20.0;                      (切 φ10mm 外圆)
N090 G02 X20.0 Z-25.0 R5.0;       (倒内圆角 R5)
N100 G01 Z-35.0;                  (切 φ20mm 外圆)
N110 G03 X34.0 Z-42.0 R7.0;       (倒外圆角 R7)
N120 G01 Z-52.0;                  (切 φ34mm 外圆)
N130 X44.0 Z-62.0;                (切圆锥)
N140 Z-85.0;                      (切 φ44mm 外圆)
N150 X55.0;                       (X 方向退刀)
N155 G00 X200.0 Z200.0;           (快回换刀点)
N160 T0202;                       (G70 精加工)
N165 M03 S1000;                   (转速提高至 1000r/min)
N170 G00 X52.0 Z2.0;
```

N175 G70 P50 Q150；
N180 G00 X200.0 Z200.0；
N185 T0303；　　　　　　　　　　　　（调用 3 号刀）
N190 M03 S400；
N195 G00 X55.0；
N200 Z－87.0；　　　　　　　　　　　（切断刀定位）
N205 G01 X1.0 F0.1；　　　　　　　　（切断轴）
N210 G00 X55.0；
N215 X200.0 Z200.0；　　　　　　　　（快速退刀）
N210 M05；　　　　　　　　　　　　　（主轴停转）
N215 M30；　　　　　　　　　　　　　（程序结束）

3．车径向余量较多阶梯轴的工艺分析

（1）零件几何特点

如图 3-8 所示，主要加工轮廓有倒圆角、倒角、柱面和锥面等，各尺寸如图样所示，表面粗糙度为 $6.3\mu m$。

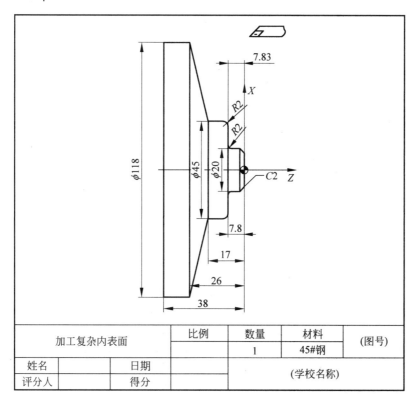

加工复杂内表面		比例	数量	材料	（图号）
			1	45#钢	
姓名		日期		（学校名称）	
评分人		得分			

图 3-8　径向余量较多复杂轴

（2）加工工序

选用毛坯尺寸为 $\phi120\text{mm}\times60\text{mm}$，材料为 45♯钢，选用友嘉集团 LEADWELL T-6 数控车床加工，标准刀塔后置。

以外圆 ϕ120mm 表面为定位基准,用卡盘夹紧,其工艺过程如下:

① 车平端面,各车刀对刀,外圆车刀刀杆平行于主轴。

② 粗车循环,X、Z 方向单调递增,径向余量较多,可用 G72 指令,X、Z 方向留 0.2mm 和 0.1mm 的精车余量。

③ 精车循环,用 G70 指令,达到尺寸要求。

④ 根据轴向长度切断,用 G01 指令。

(3) 各工序刀具及切削参数选择

各工序刀具及切削参数选择见表 3-3 所示。

(4) 测量工具

采用游标卡尺或千分尺进行尺寸测量。

表 3-3   刀具及切削参数(径向余量较多复杂轴)

序号	加工轮廓	刀具号	刀具规格		主轴转速 /(r/min)	进给速度 /(mm/r)
			类　型	材　料		
1	车平端面、车刀对刀	T01	端面车刀、外圆车刀、切断刀		600	0.2
2	粗车	T02	外圆车刀	硬质合金	800	0.3
3	精车	T02	外圆车刀		1000	0.08
4	切断	T03	宽 3mm 的切断刀		600	0.1

4. 参考程序

确定工件坐标系和对刀点。在图 3-8 所示 XOZ 平面内确定以工件右端面轴心线上的中点为工件原点,建立工件坐标系。采用手动试切方法对刀,建立刀补。程序如下。

```
O0030;
N05 T0202;                      (调用外圆车刀)
N10 M03 S800;
N15 G00 X125.0 Z3.0;            (固定循环点 125,3)
N20 G72 W2.0 R0.2;             (G72 端面粗车循环)
N25 G72 P30 Q75 U0.2 W0.1 F0.3;  (两个方向各留 0.2mm 和 0.1mm 的精车余量)
N30 G00 Z-41.0;               (按轴向总长,延长加工 3mm)
N35 G01 X118.0 F0.08;          (进给移至 X118)
N40 Z-26.0;                    (加工轴向长 12mm 的圆柱面)
N45 X45.0 Z-17.0;             (加工锥面)
N55 Z-7.8 R-2.0;              (倒凸圆 R2)
N60 X20.0 R2.0;               (倒凹圆 R2)
N70 Z-2.0;
N75 X12.0 Z2.0;               (倒角)
N80 G00 X150.0 Z150.0;         (外圆车刀退回换刀点)
N85 T0202;
```

```
N90 M03 S1000；                    （转速提高至1000r/min）
N95 G00 X125.0 Z3.0；              （固定循环点125,3）
N100 G70 P30 Q75；                 （G70精加工）
N105 G00 X150.0 Z150.0；
N110 T0303；                       （调用切断刀）
N115 M03 S600；
N120 G00 X120.0 Z－41.0；          （切断刀瞄准）
N125 G01 X1.0 F0.1；               （根据轴向总长切断）
N130 G00 X150.0；                  （X方向退刀）
N135 Z150.0；                      （Z方向退刀）
N140 M05；                         （主轴停转）
N145 M30；                         （程序结束）
```

任务3　机床操作训练

1. G71加工注意事项

① G71指令必须带有 P,Q 地址,否则不能进行该循环加工。

② 在 ns 的程序段中应包含G00/G01指令,且该程序段中不应编有 Z 向移动指令。

③ 在顺序号为 ns 到顺序号为 nf 的程序段中,不应包含子程序。

④ 加工内轮廓时注意径向、轴向所留余量的正负。

2. G72加工注意事项

① G72指令必须带有 P,Q 地址,否则不能进行该循环加工。

② 在 ns 的程序段中应包含G00/G01指令,且该程序段中不应编有 X 向移动指令。

③ 在顺序号为 ns 到顺序号为 nf 的程序段中,不应包含子程序。

④ 加工时尽量采用恒线速度以保证表面质量和尺寸精度。

⑤ 加工内轮廓时注意径向、轴向所留余量的正负。

3. 自动加工前的准备

① 待加工零件程序通过机床面板输入后,再对其进行检查和编辑修改,确定无误。

② 进行模拟加工:按 ▣ 键,进入自动方式,按 ▣ 和 [MST] 键,把机床锁定,按 ▣ 键,开始模拟加工。这时要认真观察程序执行的情况,是否有报警,以及程序输入是否正确。

③ 装夹好毛坯,安装好刀具,并设置好刀具补偿。

④ 把光标移动到待加工零件的程序头。

4. 自动加工步骤

① 按 ▣ 键,进入自动方式,把所有倍率调改为零,按 ▣ 键,进入单段执行模式,按 ▣ 键调出显示程序内容和坐标位置的页面,按 ▣ 键,开始加工。

② 观察刀架移动位置,确定无误后,把进给倍率调大,快速倍率调为 50% 上下。

③ 取消单段执行模式,开始连续加工。

④ 刀架移动安全位置,准备换另一把刀时,按 [□] 键,进入单段执行模式,把所有倍率调改为零,按 [回] 键,继续加工,确定刀架移动位置无误后,把进给倍率调大,快速倍率调为 50%,取消单段执行模式,继续加工。

5. 在自动加工中调整刀具补偿

对好刀后,执行自动加工,发现对应刀具所加工的尺寸有误差,这时就要调整刀偏来补偿。

按 [刀偏/OFT] 键,把光标移动到要调整刀具相应的刀偏号中,用增量 U 或 W 输入补偿量,按 [输入/IN] 键确认。例如:1 号刀是外圆刀,加工尺寸是 $\phi40\text{mm}$,而实际测量尺寸是 $\phi40.23\text{mm}$,就应在 01 刀偏号中,输入 U−0.23。

6. 自动加工注意事项

① 工件、刀具要安装牢固。

② 进行模拟加工时,一定要把机床锁定(指示灯亮)。

③ 自动加工过程中出现异常情况,要马上按急停开关。

④ 自动加工过程中主轴必须转动。

⑤ 模拟加工后一定要回一次零。

7. 习题

(1) 选用多重固定循环指令(G71、G72、G70)编程加工图 3-9 所示的零件,已知毛坯尺寸为 $\phi35\text{mm}\times60\text{mm}$。

(2) 选用多重固定循环指令(G71、G72、G70)编程加工图 3-10 所示的零件,已知毛坯尺寸为 $\phi35\text{mm}\times60\text{mm}$。

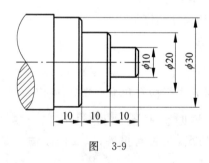

图 3-9

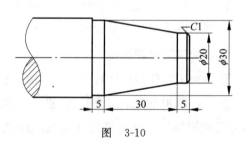

图 3-10

(3) 选用多重固定循环指令(G71、G72、G70)编程加工图 3-11 所示的零件,已知毛坯尺寸为 $\phi35\text{mm}\times60\text{mm}$。

(4) 选用多重固定循环指令(G71、G72、G70)编程加工图 3-12 所示的零件,已知毛坯尺寸为 $\phi85\text{mm}\times75\text{mm}$,已钻内孔 $\phi8\text{mm}$。

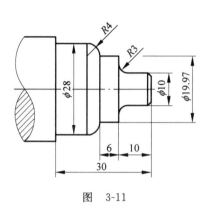

图 3-11

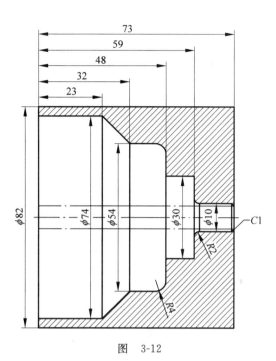

图 3-12

仿形轴加工

项目知识
固定循环指令 G73 的应用。
技能目标
仿形零件的车加工。

任 务 1　项 目 分 析

项目提出：车削图 4-1 所示的仿形轴，毛坯为 $\phi35\text{mm}\times160\text{mm}$，铝材料。

项目分析：这是一个仿形轴的加工任务，但是 X、Z 方向尺寸不是单调递增或递减，不能用 G71 或 G72 加工。仿形轴的加工，可用接近最终形状的循环切削指令 G73 进行，其加工效率最高。G73 是固定形状粗车加工循环指令，需配合 G70 精加工。

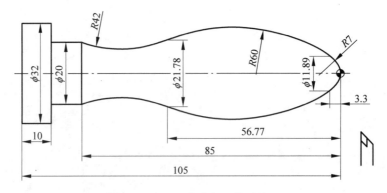

图 4-1　用 G73 指令加工仿形轴

◆ 知识链接

1. 固定形状粗加工循环 G73

（1）功能

G73 适用于粗车毛坯轮廓形状与零件轮廓形状基本接近的毛坯，如一些锻件和铸件的粗车。

（2）指令格式

G73 U(Δi) W(Δk) R(Δd)

G73 P(ns) Q(nf) U(Δu) W(Δw) F(f) S(s) T(t)

N(ns)...

...F(f)S(s)　　　描述工件轮廓的语句，是粗、

N(nf)...　　　　精加工中循环轨迹计算的依据。

G70 P(ns) Q(nf)

其中，Δi 为 X 轴方向的总退刀量，用半径值表示，当向 X 轴正向退刀时该值为正，反之为负；

Δk 为 Z 轴方向的总退刀量，当向 Z 轴正向退刀时该值为正，反之为负；

Δd 为粗切削次数；

其他参数意义同 G71。

（3）注意事项

① X 方向和 Z 方向的精车余量 Δu 和 Δw 的正负号确定方法与 G71 指令相同。

② Δi 和 Δk 为毛坯的粗加工余量大小。

③ G73 指令为粗车循环，须和 G70 指令配合使用，以达到工件尺寸。

（4）G73 指令循环路径

G73 指令循环路径如图 4-2 所示，D 为固定循环点，循环路径为封闭形状，路径形状接近零件尺寸。

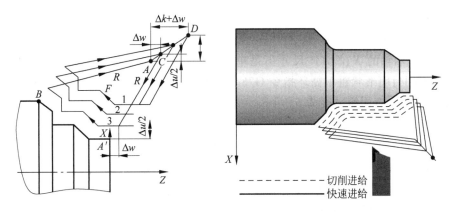

图 4-2　G73 指令循环路径

（5）G73 指令应用例题

如图 4-3 所示，毛坯为 ϕ30mm 的铸件，粗加工分 5 次走刀，X 轴半径上的总加工余量为 5mm，粗加工进给量为 0.2mm/r，主轴转速为 800r/min。精加工时 X 轴和 Z 轴的单边余量都为 0.2mm，精车进给量为 0.1mm/r，主轴转速为 1000r/min，用 G73 指令加工，程序如下。

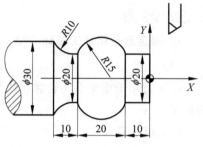

图 4-3 G73 指令应用例题

```
O0073;
N02 T0101;                        （第 1 把刀为外圆车刀）
N04 M03 S800;                     （主轴转速为 800r/min）
N06 G00 X35.0 Z5.0;               （设置循环点 C）
N08 G73 U5.0 R5.0;                （G73 固定形状循环）
N10 G73 P12 Q20 U0.4 W0.2 F0.2;
N12 G00 X20.0 Z2.0;
N14 G01 Z-10.0;
N16 G03 X20.0 W-20.0 R15.0;
N18 G02 X30 W-10.0 R10.0;
N20 G01 X35.0;
N22 G01 X200.0 Z200.0;            （两个轴向退刀）
N24 T0202;                        （换精车刀）
N26 M03 S1000;                    （提高转速）
N28 G00 X35.0 Z5.0;               （回到循环点）
N30 G70 P12 Q20;                  （精车循环开始）
N32 G00 X200.0 Z200.0;
N34 M05;
N36 M30;
```

任务 2 程 序 编 制

1. 车仿形轴工艺分析

（1）零件几何特点

图 4-4 所示轴的 X、Z 方向尺寸不是单调的，不能用 G71 或 G72 指令。对于仿形零件的加工可用封闭形状粗车循环指令 G73。其主要加工面为凸圆、凹圆和柱面，各长度尺寸如图 4-4 所示，表面粗糙度为 6.3μm。

（2）加工工序

根据零件结构选用毛坯 ϕ35mm×160mm 的棒料，工件材料为铝，选用 CAK6140VA 机床即可达到要求。

以外圆 ϕ35mm 为定位基准，用卡盘夹紧，其工艺过程如下。

① 车平端面，外圆车刀对刀，建立工件坐标系，输入刀补值。

② 外圆粗车循环，X、Z 方向非单调递增，余量较多，可用 G73 指令，固定循环点(37,2)，X、Z 单方向各留 0.2mm 的精车余量。

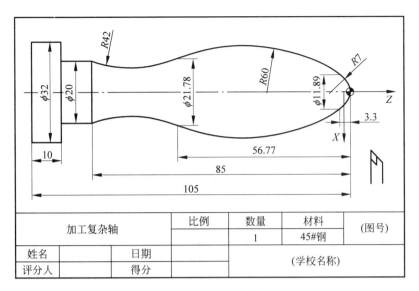

图 4-4 车仿形轴题图

③ 外圆精车循环,用 G70 指令,达到尺寸要求。

(3)各工序刀具及切削参数选择

各工序刀具及切削参数选择见表 4-1 所示。

(4)测量工具

采用游标卡尺或千分尺进行尺寸测量。

表 4-1 刀具及切削参数(车仿形轴)

序号	加 工 轮 廓	刀具号	刀 具 规 格		主轴转速 /(r/min)	进给速度 /(mm/r)
			类 型	材料		
1	车平端面、各车刀对刀	T01	端面车刀	硬质合金	600	0.2
2	外圆粗车	T02	75°外圆车刀		800	0.2
3	外圆精车	T02	75°外圆车刀		1000	0.1
4	切断	T03	宽 5mm 的切断刀		600	0.1

2. 参考程序

确定工件坐标系和对刀点。在图 4-4 所示 XOZ 平面内确定以工件右端面轴心线上的中点为工件原点,建立工件坐标系。采用手动试切方法对刀,对 2 号刀和 3 号刀,建立刀补,参考程序如下。

```
O0040;
N05 T0101;                     (调用 1 号刀)
N10 M03 S800;
N15 G00 X37.0 Z2.0;            (固定循环点)
N20 G73 U18.0 W0 R10.0;
N25 G73 P30 Q65 U0.4 W0.2 F0.2;  (从序号 30～65 是循环体)
```

N30 G00 X0 Z2.0;

N32 G01 Z0;

N35 G03 X11.89 Z−3.3 R7.0 F0.1;

N40 X21.78 Z−56.77 R60.0;

N45 G02 X20.0 Z−85.0 R42.0;

N50 G01 Z−95.0;　　　　　　　　（切 Z−95 的端面）

N55 X32.0;　　　　　　　　（沿 X 轴切 ϕ32mm 的外圆，Z 轴向多切 5mm）

N60 Z−110.0

N65 G00 X35.0;

N70 X200.0 Z200.0;

N75 T0101;

N80 M03 S1000;　　　　　　　　（提高转速，精车）

N85 G00 X37.0 Z2.0;

N90 G70 P30 Q65;　　　　　　　　（同一把刀精车）

N95 G00 X200.0 Z200.0;　　　　　　　　（快速退刀）

N100 T0303;

N105 M03 S600;

N110 G00 X35.0 Z−110.0;　　　　　　　　（切断刀瞄准 X、Z 方向）

N115 G01 X1.0;

N120 G00 X35.0;

N125 X200.0 Z200.0;　　　　　　　　（切断刀退刀）

N130 M05;

N135 M30;

任务3　机床操作训练

（1）用多重固定循环指令（G73、G70）编程加工图 4-5 所示的零件，已知毛坯尺寸为
ϕ35mm×60mm。

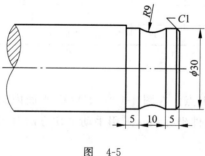

图　4-5

（2）用多重固定循环指令（G73、G70）编程加工图 4-6 所示的零件（螺纹可不必加工），已知毛坯尺寸为 ϕ40mm×110mm。

（3）用多重固定循环指令（G73、G70）编程加工图 4-7 所示的零件，已知毛坯尺寸为
ϕ35mm×90mm。

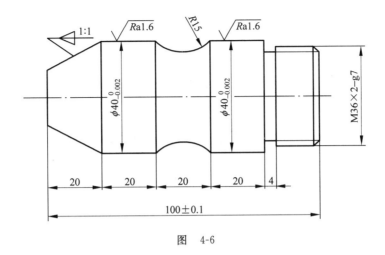

图 4-6

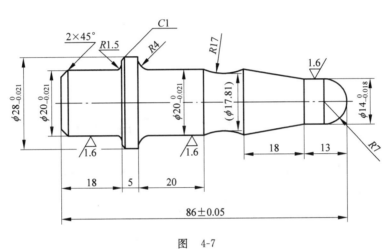

图 4-7

（4）选用多重固定循环指令（G73、G70）编程加工图 4-8 所示的零件，已知毛坯尺寸为 $\phi70\text{mm}\times150\text{mm}$。

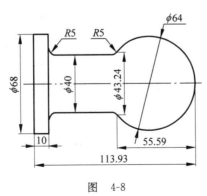

图 4-8

槽、孔的加工

> **项目知识**
> 指令 G04、G74、G75 的应用。
> **技能目标**
> 径向槽、端面槽和孔的加工。

任务 1　项 目 分 析

项目提出：车削图 5-1 所示的径向槽和端面槽，毛坯为 ϕ110mm×80mm，铝材料。

项目分析：这是一个车沟槽的加工任务，沟槽有宽槽和窄槽，窄槽可用指令 G01 加工，宽槽可用循环指令 G74 和 G75 加工。

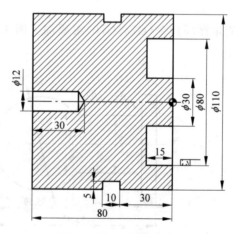

图 5-1　轴上沟槽的加工

◆ **知识链接**

1. 直线插补指令 G01

（1）功能

G01 可用于外径窄槽或轴向窄槽的加工。

（2）指令格式

G01 X(U)_Z(W)_F_;

其中，X、Z 为目标点坐标，U、W 为增量坐标编程方式；F 为切削进给速度，单位为 mm/r。

（3）G01 切槽应用例题

加工如图 5-1 所示的径向槽，修改槽宽为 6mm（图上宽为 10mm），其他尺寸不变，所用切槽刀的刀头宽度为 5mm，刀头部分长度为 8mm，其前端为主切削刃，两侧为副切削刃，以横向进刀为主。切槽部分加工程序如下。

```
N100 T0202;              (调用切槽刀)
N105 M03 S600;           (启动主轴)
N110 G00 X120.0 Z-36.0;  (瞄准槽的位置)
N115 G01 X100.0;         (切深5mm的沟槽,第1次进刀)
N120 G00 X120.0;         (X方向退刀)
N125 Z-35.0;             (切槽刀右移1mm,切出宽6mm的槽)
N130 G01 X100.0;         (第2次进刀车槽)
N135 G00 X120.0;         (X方向退刀)
N140 G00 X200.0 Z200.0;  (切槽刀退到换刀点100,200)
```

2. 暂停指令 G04

（1）功能

使刀具进行短时间的无进给光整加工，在车削沟槽或钻镗孔时使用，以提高表面光洁度。车削环槽时，若进给结束立即退刀，则环槽外形表面质量不好，使用 G04 指令可使工件空转几秒钟，将环槽光整。

（2）指令格式

G04 X(U)_;　或 G04 P_;

其中，P 后的数字为整数，单位为 ms；X(U) 后的数字为带小数点的数，单位为 s，但有的机床表示工件空转的圈数。G04 为非模态指令，只在本程序段中有效。

（3）G04 应用例题

加工如图 5-2 所示的外径槽，槽的尺寸为 5mm×ϕ19mm，第 2 把刀为割刀，宽度为 5mm，工件原点为毛坯右端面的中点，编程如下。

```
N05 T0202;               (调用割槽刀)
N10 G00 X55.0 Z5.0;
N15 Z-5.0;               (Z方向瞄准)
N20 X47.0;               (X方向瞄准)
N25 G01 X19.0 F0.2;      (切槽)
N30 G04 P2000;           (或X2,光整2s)
```

N35 G00 X55.0；　　　　　　　　（X 轴方向退刀）

N40 X200.0 Z200.0；　　　　　　（Z 轴方向退刀）

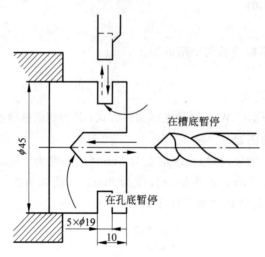

图 5-2　G04 暂停指令

3．端面啄式钻孔循环 G74

（1）功能

G74 可用于间断纵向加工，以便断屑与排屑。

（2）指令格式

G74 R(e)

G74 X(u) Z(w) P(△i) Q(△k) F(△f)；

其中，e 为每次退刀量；

u 为从起点 B 测得的端面加工距离；

w 为从起点 B 测得的纵向加工深度；

Δi 为 X 方向每次切削移动量，单位为 μm，且无小数点；

Δk 为 Z 方向每次切削深度，单位为 μm，且无小数点；

Δf 为进给量。

（3）G74 指令钻深孔路径和应用

① G74 钻深孔路径。如图 5-3 所示，F 表示切削速度，R 为空行程速度。

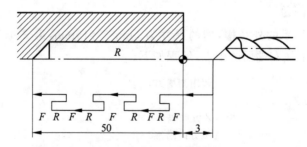

图 5-3　G74 钻深孔路径

② G74 钻深孔应用的例题。用 G74 指令加工图 5-3°所示的深孔,孔径 φ12mm、深为 50mm,程序如下。

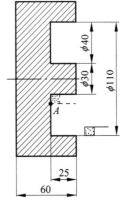

```
O0741;
N02 T0303;              (调用第 3 把刀,钻头)
N04 M03 S250;           (主轴转速为 250r/min)
N06 G00 X0 Z3.0;
N08 G74 R1.0;           (开始钻深孔)
N10 G74 Z-50.0 Q4000 F0.1;
N12 G00 Z100.0;
N14 M05;
N16 M30;
```

③ 使用 G74 指令用割刀加工端面槽。

例如:要加工如图 5-4 所示的端面槽,程序如下。

图 5-4 G74 端面车槽加工实例

```
O0742;
N02 T0202;              (第 2 把刀为宽度是 8mm 的割刀)
N04 M03 S250;           (主轴转速为 250r/min)
N06 G00 X110.0 Z5.0;
N08 G74 R1.0;           (开始钻孔,46,25 为割刀终点坐标)
N10 G74 X46.0 Z-25.0 P7000 Q5000 F0.12;
N12 G00 Z100.0;
N14 M05;
N16 M30;
```

4. 内径/外径啄式钻孔循环 G75

(1) 功能

G75 可用于内径或外径间断横向加工,在切削过程中可以处理断屑,也可在 X 轴方向啄式钻孔。

(2) 指令格式

G75 R(e)

G75 X(u) Z(w) P(Δi) Q(Δk) F(Δf);

G75 各参数含义同 G74。

(3) G75 啄式钻孔循环路径和应用

G75 钻深孔路径如图 5-5 所示,参数含义请参考 G74 指令。

例题:用 G75 指令加工如图 5-6 所示沟槽,程序如下。

```
O0075;
N02 T0202;              (第 2 把刀为宽度是 5mm 的割刀)
N04 M03 S200;           (主轴转速为 200r/min)
N06 G00 X52.0 Z-50.0
N08 G75 R1.0;           (开始钻深孔)
N10 G75 X20.0 P10000 F0.12;  (20,-50 为终点坐标)
N12 G00 X55.0;
N14 G00 Z60.0;
```

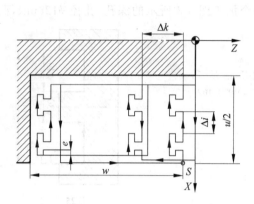

图 5-5　G75 的加工路径

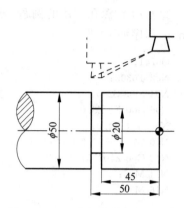

图 5-6　G75 外径车槽的加工实例

任务 2　程 序 编 制

1. 车沟槽工艺分析

（1）零件几何特点

图 5-7 所示的零件有三处需要加工：钻孔、外径槽和端面槽，沟槽都是宽槽，若用 G01 加工程序烦琐。为提高效率，可分别用指令 G75 和 G74 加工。

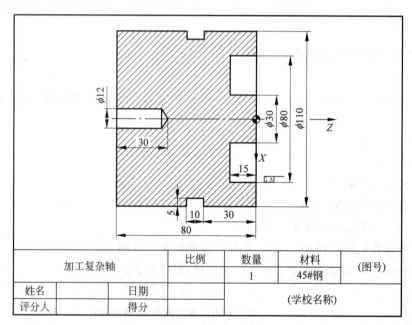

加工复杂轴		比例	数量	材料	(图号)
			1	45#钢	
姓名		日期		(学校名称)	
评分人		得分			

图 5-7　槽、孔的加工题图

（2）加工工序

根据零件结构选用毛坯 ϕ110mm×80mm 的棒料，工件材料为铝，选用 CAK6140VA 机床即可达到要求。

以外圆 $\phi110$mm 为定位基准,用卡盘夹紧,其工艺过程如下。

① 各车刀对刀,建立工件坐标系,输入刀补值。

② 加工右端面沟槽,用 G74 循环指令加工,切槽刀宽 5mm。

③ 外径沟槽为 10mm×5mm,可用 G75 指令加工,切槽刀宽 4mm。

④ 掉头装夹对刀,钻孔,钻头直径 $\phi12$mm。

(3) 各工序刀具及切削参数选择

各工序刀具及切削参数选择如表 5-1 所示。

(4) 测量工具

采用游标卡尺或千分尺进行尺寸测量。

表 5-1　刀具及切削参数(槽、孔加工)

序号	加工轮廓	刀具号	刀具规格		主轴转速/(r/min)	进给速度/(mm/r)
			类型	材料		
1	车端面槽	T01	切槽刀		200	0.12
2	车外径槽	T02	切槽刀	硬质合金	200	0.12
3	钻头	T03	钻头		200	0.1

2. 参考程序

确定工件坐标系和对刀点。在图 5-7 所示的 XOZ 平面内确定以工件右端面轴心线上的中点为工件原点,建立工件坐标系。采用手动试切方法对刀,对 2 号刀和 3 号刀,建立刀补,程序如下。

```
O0050;
N05 T0101;                              (1 号刀,切端面槽)
N10 M03 S200;
N15 G00 X80.0 Z5.0;                     (固定循环点 80,5)
N20 G74 R1.0;
N25 G74 X40.0 Z-15.0 P7000 Q10000 F0.12;  (G74 切端面槽循环)
N30 G00 Z200.0;                         (1 号刀快速退刀)
N35 M05;

N40 T0202;                              (2 号刀,切外径槽)
N45 M03 S200;
N50 G00 X115.0 Z-40.0;
N55 G75 R1.0;                           (G75 切环槽循环)
N60 G75 X100.0 Z-34.0 P3000 Q4000 F0.12;
N65 G00 X200.0
N70 Z200.0;                             (2 号刀快速退刀)
N75 M05;
```

掉头装夹钻孔程序如下。

```
O0051;
N75 M03 S200;
N80 T0303;                              (调用 3 号刀,钻头)
```

N85 G00 X0 Z3.0；
N90 G74 R1.0；
N95 G74 Z-30 Q4000 F0.1；
N100 G00 Z100.0；　　　　　　　　　　　　（3号刀快速退刀）
N105 X200.0 Z200.0；
N110 M05；
N115 M30；

任务3　机床操作训练

1. 切槽注意事项

① 车外径槽时，刀具安装应垂直于工件中心线，以保证车削质量。

② 有精度要求的槽，一般采用两次车削，第一次车槽时，槽壁两侧留精车余量，然后根据槽深和槽宽进行精车，并在槽底部暂停几秒，以提高槽底的表面质量。

③ 退切槽刀时应注意G00的走刀轨迹，避免与工件外台阶碰撞，损坏车刀。

2. 钻孔加工注意事项

① 对于精度不高的孔，可以选用钻头直接钻出，不再加工。选择麻花钻时，一般应使钻头螺旋部分略长于孔深。钻头过长则刚性差，钻头过短则排屑困难。同时，在数控车床钻孔时，要注意钻头过长易在加工过程中与机床相碰撞。

② 钻孔前要把工件平面车平，中心处不能留出凸头，以利于钻头正确定心。

③ 用麻花钻钻孔时，一般要用中心钻先加工出中心孔以便定心，再用钻头钻孔，这样加工的工件同轴度较好。

④ 钻削时必须使用冷却液，并浇注在切削区域内。

3. 习题

（1）用指令G04、G74、G75编程加工图5-8所示的零件，已知毛坯尺寸为 ϕ35mm×80mm。

（2）用指令G04、G74、G75编程加工图5-9所示的零件，已知毛坯尺寸为 ϕ35mm×60mm。

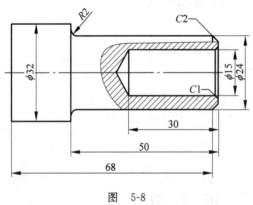

图　5-8

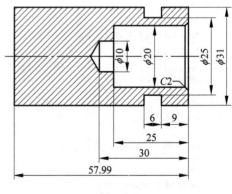

图　5-9

螺 纹 加 工

项目知识
指令 G32、G92、G76 的应用。
技能目标
各种螺纹的加工。

任务 1 项目分析

项目提出：车削图 6-1 所示的圆柱螺纹和图 6-2 所示的圆锥螺纹，毛坯外形已基本完成。

项目分析：这是一个圆柱螺纹和圆锥螺纹的加工任务，可用等螺距螺纹车削指令（G32）、简单螺纹车削循环指令（G92）和螺纹车削复合循环指令（G76）加工。

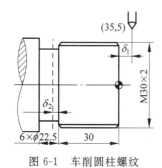

图 6-1 车削圆柱螺纹   图 6-2 车削圆锥螺纹

◆ 知识链接

1. 普通圆柱（圆锥）螺纹加工指令 G32（G33）

（1）功能

车削圆柱（圆锥）螺纹或端面螺纹，G32 米制螺纹、G33 英制螺纹。

（2）指令格式

G32(G33)X(U)_Z(W)_F_；

G32(G33)X(U)_Z(W)_R_F_；

其中，X、Z为螺纹终点坐标；

　　F为设定螺纹导程，单位 mm/r；

　　R为同 G90，切正锥时为负值，切倒锥时为正值，以大端螺纹编程。

（3）注意事项

① 进刀段Z_1一般取$\geqslant 2P$，退刀段Z_2一般取$\geqslant P$，以免出现"乱牙"现象。

② 加工左螺纹或右螺纹取决于主轴旋转的方向和刀沿 Z 轴的移动方向，主轴正转，刀具左移为右螺纹。

③ 主轴转一转，刀具移动一个导程，所以在螺纹切削过程中应采用恒转速控制。

④ 螺纹切削过程中，进给修调开关无效，进给速度被限制在 100%。

⑤ 用 G32/G33 切螺纹，每切一刀需要 4 个程序段：对准切入点→切螺纹→退刀→再次对准切入点。

（4）螺纹尺寸

在数控车床上，螺纹加工常用切削方法来完成，进刀方式有直进法和斜进法。直进法用于螺距或导程小于 3mm 的螺纹；斜进法是刀具单刃加工，用于螺距或导程大于 3mm 的螺纹。背吃刀量有常量式和递减式，递减式的目的是使每次切削面积接近相等。螺纹加工前，须精车外圆至螺纹公称尺寸。

① 螺纹牙型高度和螺纹小径的计算。车削螺纹时，车刀的背吃刀量是牙型高h_1，普通螺纹牙型高度$H=0.866P$，P为螺距。根据国际标准化组织规定，螺纹车刀刀尖半径$r=H/6=0.1443P$，则螺纹的牙型计算高度$h_{1计}$、螺纹小径$d_{1计}$的计算如下：

$$h_{1计} = H - 2(H/6) = 0.61343P$$

$$d_{1计} = d - 2 \cdot h_{1计}$$

传统车床牙深介于$0.6134P \sim 0.6495P$之间，可采用$2 \cdot h_{1计} = 1.3P$估算。

② 螺纹外径及孔径的尺寸计算。加工螺纹时，为避免牙尖锋利，应适量削除牙尖，削尖后尺寸计算如下：

$$外径 = 公称直径 - (1/10 \times P)$$

$$内孔 = 公称直径 - P + (1/10 \times P)$$

例如，加工 M20mm×1.5mm 的内外螺纹，外径$=20-(1/10\times1.5)=19.85$mm，内径$=20-1.5+(1/10\times1.5)=18.65$mm。

③ 进刀、退刀距离。由于螺纹加工起始时有一个加速过程（δ_1），结束前有一个减速过程（δ_2），在这段距离内螺距不可能保持均匀，因此应设置进刀段δ_1和退刀段δ_2，以消除伺服滞后造成的螺距误差，刀具实际 Z 向行程为（螺纹长度$+\delta_1+\delta_2$）。

④ 分层切削。若螺纹牙型较深、螺距较大时，其切削量较大，一般要求分次进给，常按递减规律进给，如图 6-3 所示。常用米制螺纹切削的进给次数与背吃刀量可参考表 6-1 选取。在实

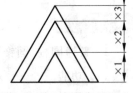

图 6-3　变量式切削方式

际加工中,一般通过试切来满足加工要求。

表 6-1 常用米制螺纹切削的进给次数与背吃刀量   单位:mm

螺 距		1.0	1.5	2.0	2.5	3.0
牙 深		0.649	0.974	1.299	1.624	1.949
背吃刀量及 切削次数	1 次	0.7	0.8	0.9	1.0	1.2
	2 次	0.4	0.6	0.6	0.7	0.7
	3 次	0.2	0.4	0.6	0.6	0.6
	4 次		0.16	0.4	0.4	0.4
	5 次			0.1	0.4	0.4
	6 次				0.15	0.4
	7 次					0.2

2. 简单螺纹车削循环指令 G92

(1)功能

G92 是简单螺纹车削循环指令,可加工柱螺纹或锥螺纹。该指令是一种模态代码,在螺纹加工循环结束后用 G00 指令清除。

(2)指令格式

圆柱螺纹 G92 X(U)_Z(W)_F_;

锥螺纹 G92 X(U)_Z(W)_R_F_;

其中:R 的计算参考 G90,切正锥时 R 为负值,切倒锥时 R 为正值;

F 车单线螺纹为螺距,车多线螺纹为导程,单位 mm/r。

(3)注意事项

① G92 为自动循环指令,由"切入→螺纹切削→退刀→返回"4 个动作构成一个循环,加工结束后自动回到循环点;G32 是简单螺纹加工指令,需 4 条指令配合才能加工一次螺纹,因此 G92 使用起来更方便。

② G92 以大端螺纹为编程标准。

(4)G92 指令的路径

G92 加工圆柱螺纹的路径为矩形,如图 6-4 所示。加工锥螺纹的路径为梯形,如图 6-5 所示。

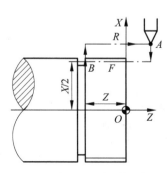

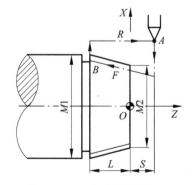

图 6-4 G92 切削圆柱螺纹路径
图 6-5 G92 切削锥螺纹路径

（5）加工双线螺纹

第一种方法：加工好一条螺纹后，Z方向前进或后退一个螺距，再次加工下一条螺纹，F值为导程；

第二种方法：G92后面加入角度A。

例题：用两种方法加工图6-6所示的双线螺纹，毛坯外形已基本完成。

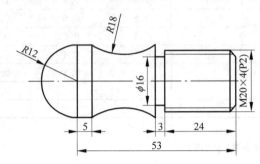

图6-6 双线螺纹加工图例

第一种方法加工程序如下。

```
O0921;
N22 T0303;                        （调用第3把螺纹刀）
N24 M03 S1000;                    （转速1000r/min，取决于刀具）
N28 G00 X22.0 Z5.0;               （定义循环点）
N30 G92 X19.1 Z−25.0 F4.0;        （小径＝20−1.3×2＝17.4mm，第1次切入量为0.9mm）
N32 X18.5;                        （第2次切入量为0.6mm）
N34 X17.9;                        （第3次切入量为0.6mm）
N36 X17.5;                        （第4次切入量为0.4mm）
N38 X17.4;                        （第5次切入量为0.1mm，第1条螺纹加工结束）
N40 G00 X22.0 Z3.0;               （重新定义循环点，Z向移动一个螺距2mm）
N42 G92 X19.1 Z−25.0 F4.0;        （第2条螺纹加工开始）
N44 X18.5;
N46 X17.9;
N48 X17.5;
N50 X17.4;                        （第2条螺纹加工结束）
N52 G00 X300.0 Z150.0;            （螺纹刀退刀）
```

第二种方法加工程序如下。

```
O0922;
N22 T0303;                        （调用第3把螺纹刀）
N24 M03 S1000;                    （主轴正转，转速1000r/min）
N28 G00 X22.0 Z5.0;               （定义循环点）
N30 G92 X19.1 Z−25.0 F4.0;        （第1条螺纹默认从轴向0°开始加工）
N32 X18.5;                        （第2次切入量为0.6mm）
N34 X17.9;                        （第3次切入量为0.6mm）
N36 X17.5;                        （第4次切入量为0.4mm）
N38 X17.4;                        （第5次切入量为0.1mm，第1条螺纹加工结束）
N40 G92 X19.1 Z−25.0 A180.0 F4.0; （第2条螺纹默认从轴向180°开始加工）
```

N42 X18.5;

N44 X17.9;

N46 X17.5;

N48 X17.4; (第2条螺纹加工结束)

N50 G00 X300.0 Z150.0; (螺纹刀退刀)

（6）加工内螺纹

加工内螺纹的工序一般为车平端面→麻花钻钻孔→内孔镗刀粗车→内孔镗刀精车→车螺纹退刀槽（非全螺纹）→车螺纹。车内螺纹的方法基本等同车外螺纹，以图6-7为例说明，毛坯外形已完成。

① 相关计算。

削尖后的内孔尺寸＝公称直径$-P+(1/10 \times P)$＝$30-1.5+0.15$＝28.65mm。

内螺纹小径尺寸＝$30-1.3 \times 1.5$＝28.05mm。

② 部分参考程序如下。

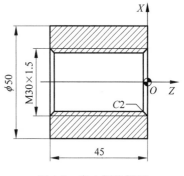

图6-7 车内螺纹例图

O0923;

N22 T0303; （调用第3把螺纹刀）

N24 M03 S1000; （主轴正转，转速1000r/min）

N28 G00 X18.0 Z5.0; （定义循环点）

N30 G92 X28.95 Z$-$47.0 F1.5; （第1次切入量为0.9mm，$28.05+0.9$＝28.95mm）

N32 X29.55; （第2次切入量为0.6mm）

N34 X29.95; （第3次切入量为0.4mm）

N36 X30.0; （第4次切入量为0.05mm）

N38 G00 X300.0 Z150.0; （螺纹刀退刀）

3. 螺纹切削复合循环指令 G76

（1）功能

多次螺纹切削循环指令G76的工艺性比较合理，可进行多项螺纹参数的设置，编程效率较高。

（2）指令格式

G76 P(m)(r)(a) Q(Δd_{min}) R(d);

G76 X(U) Z(W) R(i) P(k) Q(Δd) F(f);

其中，m 为精车重复次数；

r 为表示斜向退刀量单位数，或螺纹尾端倒角值，在 0.0f～9.9f 之间，以 0.1f 为一单位（f为导程），即为 0.1 的整数倍，用 00～99 两位数字指定；

a 为刀尖角度，从 80°、60°、55°、30°、29°、0° 六个角度中选择；

Δd_{min} 为最小切削深度，当切削深度 $\Delta d_n < \Delta d_{min}$，则取 Δd_{min} 作为切削深度，以 μm 为单位；

d 为精车余量，以 μm 为单位；

$X(U) Z(W)$ 为螺纹终点坐标；

i 为螺纹锥度值,半径差;若 i=0,则为直螺纹;

k 为螺纹高度,X 方向半径值,以 μm 为单位;

Δd 为第一次粗车深度,半径值,以 μm 为单位。切削深度递减计算 $d_2=\sqrt{2}\cdot\Delta d$, $d_3=\sqrt{3}\cdot\Delta d,d_n=\sqrt{n}\cdot\Delta d$,每次粗切深 $\Delta d_n=\sqrt{n}\cdot\Delta d-\sqrt{n-1}\cdot\Delta d,\Delta d_{min}$ 表示最小切削深度;

f 为螺距。

（3）G76 指令路径

G76 切削螺纹路径如图 6-8 所示,各参数含义参见指令格式。

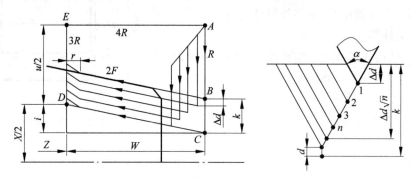

图 6-8　G76 车螺纹路径

4. G76 指令应用例题

应用螺纹切削复合循环指令 G76 加工如图 6-9 所示的螺纹,毛坯外形已基本完成。编程要求为精加工次数为 2 次,斜向退刀量为 4mm,刀尖为 60°,最小切削深度 0.1mm,精加工余量取 0.1mm,螺纹高度为 2.4mm,第 1 次切深取 0.7mm,螺距为 4mm,螺纹小径为 33.8mm。

切削螺纹部分程序如下。

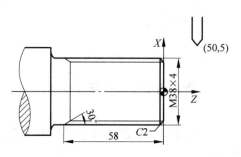

图 6-9　G76 车螺纹例图

```
G00 X50.0 Z5.0;                  （设置循环点）
G76 P021060 Q200 R100;           （G76 切削螺纹）
G76 X33.8 Z－60.0 P2400 Q700 F4.0;
G00 X300.0 Z150.0;               （快回换刀点）
```

任务 2　程 序 编 制

1. 车螺纹工艺分析

（1）零件几何特点

图 6-10 所示零件的主要加工任务是螺纹加工,工件外形已基本完成。

（2）加工工序

根据零件结构选用毛坯 $\phi32mm\times80mm$ 的棒料，工件材料为铝，选用友嘉集团全能型数控车床 F-1 加工。

以外圆 $\phi32mm$ 为定位基准，用卡盘夹紧，其工艺过程如下。

① 各车刀对刀，建立工件坐标系，输入刀补值。

② 加工 $\phi30mm$ 的外圆，用 G71 循环指令加工，加工至 $\phi29.8mm$。

③ 切螺纹退刀槽 $6mm\times\phi22.5mm$，可用 G01 指令加工。

④ 车螺纹，可用 G92 或 G32 指令。

（3）各工序刀具及切削参数选择

各工序刀具及切削参数选择如表 6-2 所示。

（4）测量工具

采用游标卡尺或千分尺进行尺寸测量。

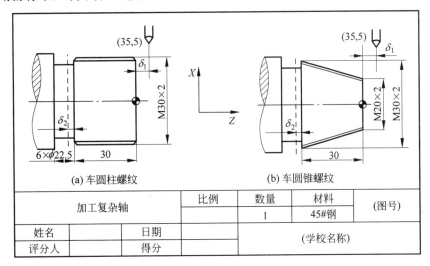

图 6-10　车螺纹题图

表 6-2　刀具及切削参数（车螺纹）

| 序号 | 加工轮廓 | 刀具号 | 刀 具 规 格 | | 主轴转速 /(r/min) | 进给速度 /(mm/r) |
			类型	材料		
1	车端面,对刀	T01	车刀	硬质合金	200	0.12
2	车 $\phi30mm$ 外径	T02	车刀		200	0.12
3	车退刀槽	T03	切槽刀		200	0.1
4	车螺纹	T04	螺纹刀		1000	2

2. G32 加工圆柱螺纹参考程序

用 G32 指令切削如图 6-10(a)所示的 $M30mm\times2mm$ 圆柱普通螺纹。根据普通螺纹标准及加工工艺，确定螺纹小径为 $\phi(30-1.3\times2)=\phi27.4mm$，进刀段 $\delta_1=5mm$，退刀段 $\delta_2=3mm$，计算每次切入量分别为 $0.9mm$、$0.6mm$、$0.6mm$、$0.4mm$ 和 $0.1mm$，程序如下。

```
O0032;
N22 T0404;                              (调用第 4 把螺纹刀)
N24 M03 S1000;                          (主轴正转,转速 1000r/min)
N28 G00 X35.0 Z5.0;                     (定义起始点)
N30 X29.1;                              (对准切入点)
N32 G32 X29.1 Z-33.0 F2.0;              (第一次切入量为 0.9mm)
N34 G00 X35.0;                          (X 轴向退刀)
N36 Z5.0;                               (Z 轴向退刀)
N38 X28.5;                              (对准切入点)
N30 G32 X28.5 Z-33.0 F2.0;              (第二次切入量为 0.6mm)
N42 G00 X35.0;
N44 Z5.0;
N46 X27.9;                              (对准切入点)
N48 G32 X27.9 Z-33.0 F2.0;              (第三次切入量为 0.6mm)
N40 G00 X35.0;
N42 Z5.0;
N44 X27.5;
N46 G32 X27.5 Z-33.0 F2.0;              (第四次切入量为 0.4mm)
N48 G00 X35.0;                          (X 轴向退刀)
N50 Z5.0;                               (Z 轴向退刀)
N52 X27.4
N54 G32 X27.4 Z-33.0 F2.0;              (第五次切入量为 0.1mm)
N56 G00 X35.0;                          (X 轴向退刀)
N58 Z5.0;
N60 G00 X200.0 Z200.0;                  (快退至换刀点)
N62 M05;
N64 M30;
```

3. G32 车圆锥螺纹参考程序

用 G32 指令切削如图 6-10(b)所示的 M30mm×2mm 的圆锥普通螺纹。根据普通螺纹标准及加工工艺,以大端螺纹为标准,确定螺纹小径为 $\phi(30-1.3\times2)=\phi27.4$mm,进刀段 $\delta_1=5$mm,退刀段 $\delta_2=3$mm,计算 $R=6.333$mm 取负值。计算每次切入量分别为 0.9mm、0.6mm、0.6mm、0.4mm 和 0.1mm。程序基本同上,仅仅修改车螺纹为 N32 G32 X29.1 Z-33.0 R-6.333 F2.0,其他 G32 语句进行类似修改。

4. G92 车圆柱螺纹参考程序

用 G92 指令切削如图 6-10(a)所示的 M30mm×2mm 的圆柱普通螺纹。切削的进给量分别是 0.9mm、0.6mm、0.6mm、0.4mm 和 0.1mm,并和 G32 加工相比较,程序如下。

```
O0092;
N22 T0404;                              (调用第 4 把螺纹刀)
N24 M03 S1000;                          (主轴正转)
N26 G00 X32.0 Z5.0                      (定义循环点)
N28 G92 X29.1 Z-33.0 F2.0;              (切削量为 0.9mm)
N30 X28.5;                              (切削量为 0.6mm)
N32 X27.9;                              (切削量为 0.6mm)
```

N34 X27.5;　　　　　　　　　（切削量为 0.4mm）
N36 X27.4;　　　　　　　　　（切削量为 0.1mm,到达小径尺寸）
N38 G00 X200.0 Z200.0;
N40 M05;
N42 M30;

5. G92 车圆锥螺纹参考程序

用 G92 指令切削如图 6-10(b)所示的 M30mm×2mm 的圆锥普通螺纹。程序基本同 O0092,只需改变指令为:N28 G92 X29.1 Z−33 R−6.333 F2;即可。

任务 3　机床操作训练

螺纹零件是机器设备中非常重要的一类零件,有连接、传动和夹紧作用,需会使用 G32、G92、G76 指令加工螺纹,并明确三种螺纹指令加工的区别。

1. 螺纹车刀的装夹

① 装夹螺纹车刀时,刀尖要与工件中心等高(可根据尾座顶尖高度检查);刀杆与工件轴线垂直。

② 刀头伸出不要过长,一般为 20~35mm(约为刀杆厚度的 1.5 倍)。

2. 车削螺纹的工艺安排

零件上的螺纹退刀槽和螺纹属于零件的次要表面,一般放在主要表面的粗加工、半精加工之后,精加工之前进行。车螺纹前的圆柱面尺寸可以按公式计算,也可以比基本尺寸小 0.2~0.4mm,以保证车好螺纹后牙顶平滑,螺纹倒角略小于螺纹小径。

3. 车削螺纹的注意事项

① 车削螺纹时,应始终保持刀刃锋利,刀具前后刀面光洁,以减小螺纹的表面粗糙度。若中途换刀或磨刀后,必须对刀以防破牙。

② 加工圆锥螺纹前必须将圆锥体加工成形。

③ 为减少螺纹起始位置的螺距误差,螺纹的起始点或固定循环点一般距离螺纹起始位置两倍导程以上。

4. 螺纹的测量和检查

① 大径的测量,螺纹大径的公差较大,一般可以用游标卡尺和千分尺测量。

② 螺距的测量,螺距一般可以用钢直尺测量,如果螺距较小可先量 10 个螺距然后除以 10 得出一个螺距的大小。如果螺距较大,可以只量 2~4 个,然后再求一个螺距。

③ 中径的测量,精度较高的三角形螺纹,可以用螺纹千分尺测量,所测得的千分尺读数就是该螺纹中径的实际尺寸。

④ 综合测量,用螺纹环规综合检查三角形外螺纹。首先对螺纹的直径、螺距、牙型和粗糙度检查,然后用螺纹环规测量外螺纹的尺寸精度。如果环规通端正好拧进去,而止端拧不进,说明螺纹精度符合精度要求。

5．习题

（1）分别用指令 G32、G92、G76 编程加工图 6-11 所示零件的螺纹，已知毛坯尺寸为 $\phi35mm\times100mm$。

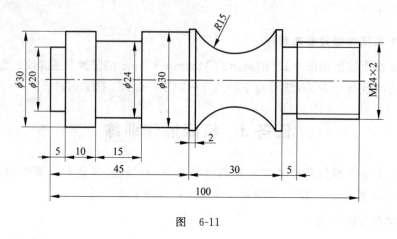

图　6-11

（2）分别用指令 G32、G92、G76 编程加工图 6-12 所示零件的螺纹，已知毛坯尺寸为 $\phi35mm\times100mm$。

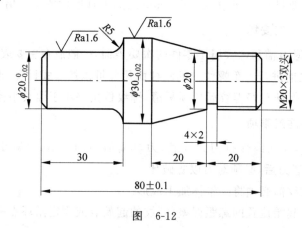

图　6-12

轴套加工（内轮廓加工）

> **项目知识**
>
> 指令 G71、G73、G74、G90 的应用。
>
> **技能目标**
>
> 能正确选择钻孔、扩孔、铰孔的切削用量，能根据图样编制常见内轮廓的加工程序。

任务1 项目分析

项目提出：车削图 7-1 所示的套类零件。

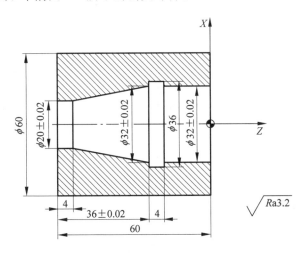

图 7-1 套类零件的加工

项目分析：这是一个套类零件的加工，既有外圆加工，又有内孔加工，编程时应尽量遵循"先内后外"的顺序原则。若零件内孔与外圆有同轴度要求时,应尽量采用一次装夹加工的方法以保证形位公差,也可用专用芯轴定位加工。

◆ 知识链接

1. 钻孔、扩孔及铰孔

(1)套类零件特点

套作为和轴配合的孔,一般要求较高的尺寸精度、较小的表面粗糙度和较高的形位公差。

(2)常用刀具

常用刀具一般为麻花钻、扩孔钻和铰刀,刀具形状同普通车床的刀具相似。一般麻花钻用于粗加工,进给量应选择小些,切削速度也不能过高;扩孔钻用于粗加工或半精加工;铰刀用于精加工,铰孔余量一般为 0.08~0.15mm,进给量可适当增大,铰刀尺寸公差应符合图样的要求,公差一般为要加工孔公差的 1/3。

(3)加工工艺路线的确定

小直径孔加工路线一般为钻中心孔→G74 钻孔(扩孔)→铰孔,这样容易达到较高精度;大直径孔可用车削 G01、G90 完成精加工。

(4)对刀点

一般情况下,麻花钻、扩孔钻和铰刀的对刀点选择在刀尖的中心线上。

2. G74 端面啄式钻孔循环指令

钻浅孔时可用 G01 指令,深孔加工时考虑到排屑方便,使用 G74 指令:钻孔时钻入一定深度时要退出以便排屑,然后继续钻入,具体请参见项目 5 中的 G74 指令路径。

用 G74 指令加工图 7-2(a)所示的内孔,工艺路线:车平端面→钻中心孔→ϕ9.5mm 直柄麻花钻→ϕ9.8mm 扩孔钻→ϕ10mm 铰刀,G74 部分程序如下。

```
N060 T0202;
N065 M03 S500;
N070 G00 X0.0;                    (X 方向定位)
N075 Z5.0;                        (Z 方向定位)
N080 G74 R1.0;                    (钻孔循环)
N085 G74 Z-40.0 Q10000 F0.1;
N090 G00 Z5.0;
N095 X200.0 Z200.0;               (2 号刀退刀)
```

3. G90 车削大直径直通孔

(1)通孔镗刀

车直通孔常用的刀具是通孔镗刀,形状和普通车刀相似,刀杆直径要尽量大些,以增加刚性,但必须小于加工的孔径。

(2)切削用量

切削用量和 G90 车外圆相似,但粗车、精车要分开,且切削深度及进给量要略小于外圆加工。

（3）G90加工例题

G90指令加工图7-2(b)所示的内孔。工艺路线：车平端面→φ3mm 中心钻钻中心孔→φ25mm 直柄麻花钻→G90 镗孔车刀粗镗→G90 镗孔车刀精用→右端倒角→左端倒角，G90部分程序如下。

```
N060 T0202；              （调镗刀）
N065 M03 S500；
N070 G00 X20.0；          （X方向定位）
N075 Z5.0；               （Z方向定位）
N080 G90 X26 Z－38 F0.08；（G90粗镗内孔）
N085 X27.0；
N090 X27.5；              （留0.5mm的精车余量）
N095 G00 X200.0 Z200.0；
N100 T0202；              （再调用镗刀）
N105 M03 S1000；
N110 G00 X20.0；          （定义循环点20,5）
N115 Z5.0；
N120 G90 X28.0 Z－38.0 F0.05；（G90精镗内孔）
N125 G00 X40.0；
N130 G01 X26.0 Z－2.0 F0.1；  （倒角C1）
N135 G00 X20.0；
N140 Z200.0；
N145 X200.0；
```

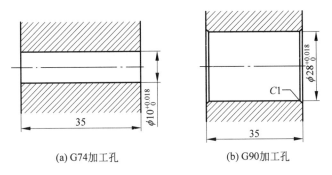

(a) G74加工孔　　　　　(b) G90加工孔

图 7-2　孔加工

4. 内沟槽的加工

（1）内沟槽车刀

其刀杆与内孔车刀一样，切削部分类似于外圆切槽刀，只是刀具的后刀面呈圆弧状，以避免和孔壁碰撞。内沟槽刀的主切削刃不能太宽，否则容易产生振动，且刀头长度应略大于槽的深度。

（2）编程注意事项

① 槽的加工方法与外圆槽加工相似，但加工内表面不容易观察切削过程，故切削用量要比车外圆槽小些。

② 换刀点的设置要合适，刀具在换刀过程中不能与工件外圆表面相碰，进刀和退刀

时不能与工件内表面碰撞。

③ 常用指令：G00、G01、G71，一般情况下，车窄槽时，刀宽等于槽宽，用直线插补指令完成；车宽槽时可分次车削加工。

任务2 程序编制

1. 套类零件工艺分析

（1）零件几何特点

图 7-3 所示的零件由内孔与内槽组成，几何形状为内柱形和内锥形，内孔尺寸偏差为 0.04mm，表面粗糙度为 3.2μm，需采用粗、精加工。

（2）加工工序

根据零件结构选用毛坯 ϕ62mm×80mm 的棒料，工件材料为 45♯钢，根据图样要求，选用 CAK6150 机床即可达到要求。

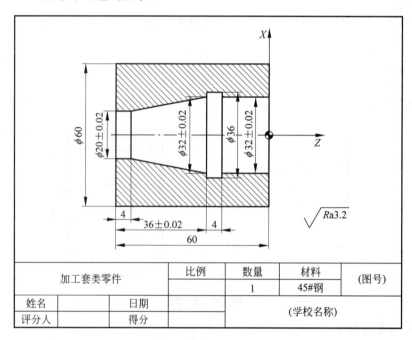

图 7-3　轴套加工题图

以外圆 ϕ62mm 为定位基准，用卡盘夹紧，其工艺过程如下。

① 端面车刀车平端面，用 G01 进行，各车刀对刀，建立工件坐标系，如图 7-3 所示。

② 外圆粗车，用 G90 进行，不需精车。

③ 打中心孔。

④ 粗镗孔，用 G71 镗削，留精加工余量。

⑤ 切内沟槽，内沟槽车刀宽为 4mm，用 G01 指令。

⑥ 切断，选用宽 4mm 的切断刀。

（3）各工序刀具及切削参数选择

各工序刀具及切削参数选择如表 7-1 所示。

（4）测量工具

内孔精度较高，可用内径千分尺进行测量。

表 7-1 刀具及切削参数（轴套加工）

序号	加工轮廓	刀具号	刀具规格		主轴转速 /(r/min)	进给速度 /(mm/r)
			类 型	材 料		
1	车平端面		端面车刀	硬质合金	500	0.12
2	粗车外圆	T01	90°外圆车刀		800	0.2
3	精车外圆	T01	90°外圆车刀		1000	0.1
4	点钻加工	T02	ϕ3mm 中心钻	高速钢	800	0.12
5	钻孔加工	T03	ϕ16mm 直柄麻花钻		500	0.1
6	粗镗孔	T04	内孔镗刀	硬质合金	500	0.2
7	精镗孔	T04	内孔镗刀		1000	0.1
8	切槽	T05	内沟槽刀		400	0.08
9	切断	T06	宽 4mm 的切断刀		400	0.08

2. 参考程序

```
O0070；
N10 T0101；
N20 M03 S800；
N30 G00 X65.0 Z2.0；
N40 G90 X61.0 Z-64.0 F0.2；         （G90 粗车外圆）
N50 X60.0；                          （加工 φ60mm 外圆到尺寸）
N60 G00 X200.0 Z200.0；             （快回换刀点）
N70 T0202；                          （调用中心钻）
N75 M03 S800；
N80 G00 X0.0；                       （X 方向瞄准）
N85 Z5.0；                           （中心钻定位）
N90 G01 Z-7 F0.12；                 （打中心孔）
N100 G04 X2.0；                      （打光孔底）
N110 G00 Z200.0；                    （Z 方向退刀）
N120 X200.0；                        （X 方向退刀）
N130 T0303；                         （调 3 号麻花钻）
N140 M03 S500；
N150 G00 X0；                        （X 方向瞄准）
N160 Z5.0；                          （Z 方向瞄准）
N170 G74 R1.0；
N180 G74 Z-67.0 Q20000 F0.1；       （φ16mm 钻头，深为 67mm）
N190 G00 Z200.0；
N200 X200.0；
N210 T0404；
N220 M03 S500；
N230 G00 X12.0 Z5.0；               （G71 固定循环点 12,5）
```

N240 G71 U1.0 R0.5;　　　　　　　　　　　(G71 粗镗孔)
N245 G71 P250 Q275 U-0.4 W0.2 F0.2;　　　(加工内表面时,U 为负值)
N250 G00 X32.0;
N260 G01 Z-24.0 F0.1;
N265 X20.0 Z-56.0;
N270 Z-62.0;
N275 G00 X12.0;
N280 X200.0 Z200.0;
N290 T0404;　　　　　　　　　　　　　　　(再次调用 4 号刀)
N300 M03 S1000;
N310 G00 X12.0 Z5.0;
N320 G70 P250 Q275;
N330 X200.0 Z200.0;
N440 T0505;
N450 M03 S400;
N460 G00 X16.0;
N470 Z-24.0;
N480 G01 X36.0 F0.08;　　　　　　　　　　(切宽 4mm 的内槽)
N490 G00 X16.0;　　　　　　　　　　　　　(X 方向退刀)
N500 Z200.0;
N510 X200.0;　　　　　　　　　　　　　　　(退回换刀点 200,200)
N520 T0606;　　　　　　　　　　　　　　　(调用 6 号切断刀)
N530 M03 S400;
N540 G00 X65.0;
N550 Z-64.0;
N560 G01 X1.0 F0.08;　　　　　　　　　　　(根据轴向长度切断)
N570 G00 X65.0;
N580 Z200.0;
N590 X200.0;　　　　　　　　　　　　　　　(切断刀回换刀点)
N600 M05;
N610 M30;

任务 3　机床操作训练

1. 轴套加工注意事项

① 对于精度较高的孔,钻削后一定要留有合理的余量用以铰削。

② 应注意铰刀的保养,避免碰伤。

③ 铰削时,因为铰刀的切削部分较长,故可以适当增加进给量。

④ 铰削钢件时要防止出现刀瘤,否则容易将内孔拉毛。

⑤ 铰孔时要注意铰刀的中心线必须与工件中心线同轴,否则易产生锥形或孔铰大。

2. 习题

(1) 用内孔加工指令编程加工图 7-4 所示的零件,已知毛坯尺寸为 $\phi100mm \times 40mm$。

(2) 用内孔加工指令编程加工图 7-5 所示的零件,已知毛坯尺寸为 $\phi45mm \times 100mm$。

其余 $\overset{3.2}{\triangledown}$

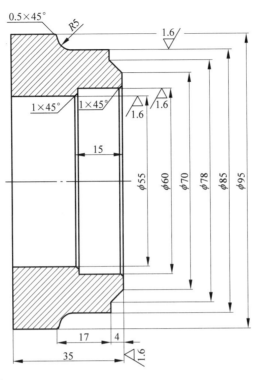

图 7-4

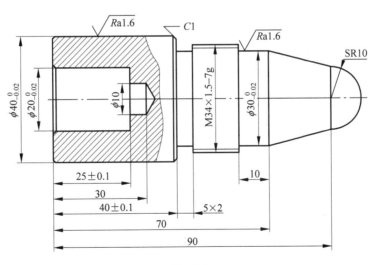

图 7-5

刀具位置和刀尖圆弧半径补偿

> **项目知识**
> 设置刀具位置补偿,运用 G41、G42、G40 指令。
> **技能目标**
> 能加工轮廓形状准确的零件。

任务1 项目提出

准确加工图 8-1 所示的轮廓外形。

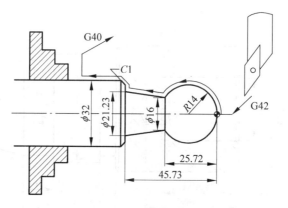

图 8-1 轮廓外形准确加工

◆ **知识链接**

要保证零件加工的轮廓精度,在数控加工尤其精加工一定要进行车刀刀尖半径补偿。在全功能数控机床中,数控系统本身具有刀具补偿功能。刀具在切削过程中不可避免地存在磨损问题,例如车刀刀尖圆弧半径变化等,会使加工出的零件尺寸随之变化,而刀具补偿就可以解决该问题,补偿通常有两种:刀具位置尺寸补偿和刀尖圆弧半径尺寸补偿。

图 8-2 所示为刀具补偿参数偏置量输入界面,在操作面板上输入相应的修正值,使加工出的零件尺寸仍然符合图样要求,这样编程时就可以完全不考虑刀具中心轨迹,直接按轮廓尺寸编程,减少了编程人员的劳动强度。

图 8-2　刀具补偿参数偏置量输入界面

1. 刀具位置补偿

当采用不同尺寸的刀具加工同一轮廓尺寸的零件,或同一名义尺寸的刀具因换刀重调、磨损以及切削力使工件、刀具、机床变形引起工件尺寸变化时,为加工出合格的零件,必须进行刀具位置补偿。

如图 8-3 所示,车床的刀架装有不同尺寸的刀具。设图示刀架的中心位置 P 为各刀具的换刀点,并以 1 号刀具的刀尖 B 点为所有刀具的编程起点。当 1 号刀具从 B 点运动到 A 点时其增量值为

$$U_{BA} = x_A - x_1$$
$$U_{BA} = z_A - z_1$$

当换上 2 号刀具加工时,2 号刀具的刀尖在 C 点位置,要利用 A、B 两点的坐标值来实现从 C 点到 A 点的运动,就必须知道 B 点和 C 点的坐标差值,利用这个差值对 B 点到 A 点的位移量进行修正,就能实现从 C 点到 A 点的运动。为此,将 B 点(作为基准刀尖位置)对 C 点的位置差用以 C 点为原点的直角坐标系 I、K 来表示。

当从 C 点到 A 点时:

$$U_{CA} = (x_A - x_1) + I_\Delta$$
$$W_{CA} = (z_A - z_1) + K_\Delta$$

式中,I_Δ、K_Δ 分别为 X 轴和 Z 轴的刀补量,可由键盘输入数控系统。由上式可知,从 C 点到 A 点的增量值等于从 B 点到 A 点的增量值加上刀补值。

当 2 号刀具加工结束时,刀架中心位置必须回到 P 点,也就是 2 号刀的刀尖必须从 A 点回到 C 点,但程序是以 B 点来编制,只给出了 A 点到 B 点的增量值,因此,也必须用刀补值来修正。

$$U_{AC} = (x_1 - x_A) - I_\Delta$$
$$W_{AC} = (z_1 - z_A) - K_\Delta$$

从以上分析可以看出,数控系统进行刀具位置补偿,就是用刀补值对刀补建立程序段的增量值进行加修正,对刀补撤销段的增量值进行减修正。

这里的 1 号刀是标准刀,只要在加工前输入与标准刀的差 I_Δ、K_Δ 就可以了。在这种情况下,标准刀磨损后,整个刀库中的刀补都要改变。为此,有的数控系统要求刀具位置补偿的基准点为刀具的相关点。因此,每把刀具都要输入 I_Δ、K_Δ,I_Δ 和 K_Δ 是刀尖相对刀具相关点的位置差,如图 8-4 所示。

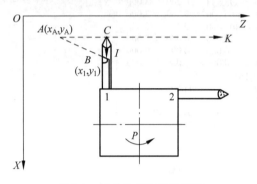 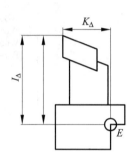

图 8-3 刀具位置补偿示意图   图 8-4 刀具位置补偿

2. 刀具半径补偿

在通常的编程中,将刀尖看作一个点,如图 8-5(a)所示的刀尖。然而实际数控切削中为了提高刀尖的强度,降低加工表面的粗糙度,刀尖处成为圆弧过渡刃,如图 8-5(b)所示,其中 P 点为该刀具的理想刀尖,编程时是对理想刀尖编程。在切削内孔、外圆及端面时,刀尖圆弧不影响尺寸和形状,但在切削倒角、锥面和圆弧时,则会造成过切或少切现象,这种误差可用刀尖半径补偿功能来实现。

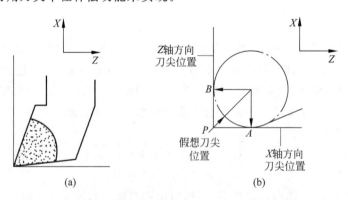

(a)   (b)

图 8-5 车刀刀尖半径和假想刀尖

（1）不具备刀具半径补偿功能的系统补偿

若系统不具备刀具半径自动补偿功能,通常需用如下方法来实现补偿:刀尖半径补偿原理见图 8-6 所示。若加工锥面轮廓 AB,假想刀尖沿 P_1P_2 移动,P_1P_2 与 AB 重合,

并按 AB 尺寸编程,则必然产生图 8-6(a)中的欠切的区域 $ABCD$,造成残余误差;若按图 8-6(b)所示,使刀尖的切削点移至 AB,并按 AB 移动,从而可避免残余误差,但这时假想刀尖轨迹 P_3P_4 与轮廓在 X 方向和 Z 方向分别产生误差 Δx 和 Δz。其中:

$$\Delta x = \frac{2r}{1+\cos\frac{\theta}{2}}, \quad \Delta z = \frac{2r}{1+\tan\frac{\theta}{2}}$$

式中,r 为刀具圆弧半径;

　　　θ 为锥面斜角。

因此,可直接按理想刀尖轨迹 P_3P_4 的坐标值编程,在 X 方向和 Z 方向予以补偿 Δx 和 Δz 即可。

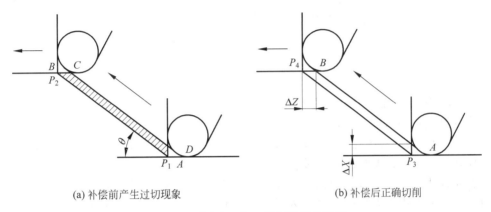

(a) 补偿前产生过切现象　　　　　　(b) 补偿后正确切削

图 8-6　圆头车刀加工锥面补偿示意图

（2）具有刀尖半径补偿功能的系统补偿

为使编程方便,现在高级的数控车床系统一般都配置了刀尖圆弧半径补偿功能,在编程时按照零件的实际轮廓编程即可。使用刀具半径补偿指令,并在控制面板上手工输入刀尖半径和刀尖方位,数控装置便能自动地计算刀尖的中心轨迹,刀具可以自动偏离工件轮廓一个刀尖半径值,从而加工出所要求的工件轮廓。

（3）实现刀尖圆弧半径补偿功能的准备工作

在加工之前,需把刀尖圆弧半径补偿的有关数据输入到存储器中,以便使数控系统对刀尖的圆弧半径所引起的误差进行自动补偿。

① 刀尖圆角半径的输入。数控加工中一般都使用可转位刀片,每种刀片的刀尖圆角半径都是一定的,如0.2mm、0.4mm、0.8mm 等,选定了刀片的型号,对应刀片的圆角半径即被确定,输入如图 8-2 所示的界面即可。

② 车刀的形状和位置参数。利用刀尖半径补偿指令时,需考虑到切削时刀尖的摆放方位。车刀的形状和位置参数称为刀尖方位 T,如图 8-7 所示,刀尖的方位有 $L_0\sim L_9$ 共 10 种位置,P 点为理论刀尖点。使用 CAK6140VA 数控车床加工外表面时 T 为 3,加工内表面时 T 为 2;使用杭州丽伟电脑机械有限公司的全能型数控车床 T-6(标准刀塔)加工外表面时 T 为 2;F-1(栉式刀塔)加工外表面 T 为 8,T 值输入如图 8-2 所示界面。

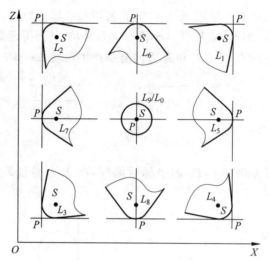

图 8-7   车刀形状和方位

③ 刀尖圆弧半径补偿指令的调用。

指令格式：G41(G42、G40)G01(G00)X(U)＿Z(W)＿；

其中，G41 为刀尖圆弧半径左补偿；G42 为刀尖圆弧半径右补偿；G40 为取消刀尖圆弧半径补偿，G41(G42)必须配合 G40 使用。

补充说明 1：补偿方向的判断，顺着刀具运动方向看（在右手笛卡儿直角坐标系中），刀具在工件的左边为刀尖圆弧半径左补偿，刀具在工件的右边为刀尖圆弧半径右补偿。常规产品应该都是从外往里走刀，车外圆用 G42，车内孔用 G41。

补充说明 2：G41(G42 或 G40)只有通过刀具的直线运动才能建立和取消刀尖圆弧半径补偿(G00、G01)。

补充说明 3：G41、G42 是在切削圆弧、倒角、斜线时起作用，这样切削出来的圆弧、倒角、斜线角度才是正确的。

补充说明 4：G40、G41、G42 指令不能与 G02、G03、G71、G72、G73、G76 指令出现在同一程序段中。

补充说明 5：可以使用同一把刀尖圆弧半径 R 的车刀进行同一轮廓的粗、精加工。若精加工余量为 △，则粗加工的刀尖圆弧半径补偿为 $R+△$，精加工的补偿量为 R。

3. 补偿损耗量的应用

数控加工出的尺寸是由基本尺寸和磨耗尺寸相减得到的。当试切对刀或刀具使用磨损后导致尺寸有误差，可以直接在刀具补偿中增加一个磨耗量（相当于单边余量），再补充加工一次，使零件加工合格。

任务 2   程序编制

1. 工艺分析

（1）零件几何特点

图 8-8 所示零件轮廓为圆弧连接，为保证形状轮廓准确需采用刀尖圆弧半径补偿

指令。

（2）操作步骤

毛坯尺寸为 $\phi 32mm \times 80mm$，材料为 45#钢，工件右端面轴心线为工件原点，采用手动对刀。

其操作步骤如下。

① 用端面车刀车平端面。

② 以最外圆为定位基准，用卡盘夹紧，外圆车刀对刀，刀尖圆弧半径 0.2mm，建立工件坐标系。

③ 将 X、Z 方向对刀值输入图 8-2 刀具补偿参数偏置量输入界面的形状补正中，再将刀尖圆弧半径为 0.2mm 输入 R，刀尖方位号 3 输入 T。

④ 用外圆车刀车轮廓。

（3）各工序刀具及切削参数选择

各工序刀具及切削参数选择如表 8-1 所示。

（4）测量工具

内孔精度较高，可用内径千分尺进行测量。

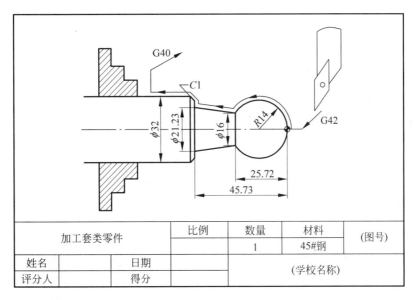

加工套类零件	比例	数量	材料	（图号）
		1	45#钢	
姓名		日期		（学校名称）
评分人		得分		

图 8-8 准确加工轮廓形状图

表 8-1 刀具及切削参数（准确加工轮廓形状）

序号	加工轮廓	刀具号	刀 具 规 格		主轴转速 /(r/min)	进给速度 /(mm/r)
			类 型	材 料		
1	车端面	T01	端面车刀	硬质合金	500	0.15
2	车轮廓	T02	75°外圆车刀		500	0.15

2. 参考程序

```
O0080;
N10 M03 S600;
N15 T0202;
N20 M08;                              (加冷却液)
N25 G00 X40.0 Z2.0;                   (设置循环点)
N30 G73 U16.0 W0 R10.0;               (G73 循环)
N35 G73 P40 Q70 U0.2 W0.2 F0.2;       (凸圆加工)
N40 G41 G01 X0 Z0 F0.15;
N45 G03 X16.0 Z-25.72 R14.0;          (凸圆加工)
N50 G01 X21.23 Z-45.73;               (加工锥面)
N55 X30.0;
N60 G01 X32.0 Z-46.73;                (倒角 C1)
N65 Z-60.0;
N70 G00 X60.0;                        (退出已加工表面)
N75 G70 P40 Q70;
N80 G40 G00 X100.0 Z100.0;            (取消半径补偿,返回换刀点)
N85 M05;
N90 M30;
```

任务3 机床操作训练

1. 轴轮廓准确加工注意事项

① 各轮廓的基点尺寸计算必须准确,可用软件协助求得。

② 加工锥面时,必须严格对刀,否则出现双曲线误差。

③ 为保证工件的表面粗糙度,需采用恒线速度切削。

④ 使用刀具补偿时,要根据系统的要求正确使用,否则出现报警。

⑤ 更换刀具后,刀具位置和半径补偿均可能变化,故要注意及时修改。

2. 习题

(1) 用刀尖补偿指令编程加工图 8-9 所示的零件,已知毛坯尺寸为 $\phi35\text{mm}\times70\text{mm}$。

(2) 用刀尖补偿指令编程加工图 8-10 所示的零件,已知毛坯尺寸为 $\phi25\text{mm}\times60\text{mm}$。

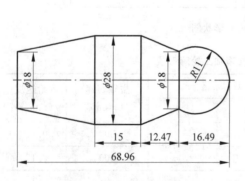

图 8-9

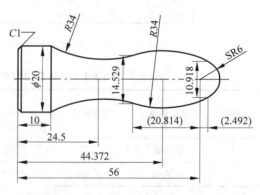

图 8-10

相同槽的加工(子程序)

项目知识

熟悉数控程序中的子程序编程技术。

技能目标

能根据图样利用子程序正确编制常见的加工程序。

任务1 项目提出

用子程序加工图 9-1 所示的多槽轴,毛坯尺寸为 $\phi32mm\times60mm$ 的棒料,材料为 45# 钢。

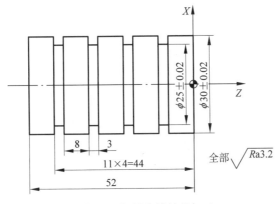

图 9-1 相同多槽轴的加工

◆ 知识链接

1. 任务指导

这是一个轴类零件多槽加工任务,零件上有多处相同的轮廓形状,用普通编程方法可以完成,但编程烦琐,可利用子程序完成。

2. 子指令定义

子程序：当某一部分程序反复出现时，可把这类程序作为一个独立的程序，预先存储起来，使程序简化，这个独立的程序称为子程序。

3. 子程序的应用

① 当一个工件上有若干处相同的轮廓形状，只需编写一个轮廓形状的子程序，然后用一个主程序来调用该子程序。

② 加工中反复出现具有相同轨迹的走刀路线。被加工的零件从外形上看并无相同的轮廓，但需要刀具在某一部位分层反复走刀，走刀轨迹总是出现某一特定的形状，此时采用子程序就比较方便，通常需要以增量方式编程。

③ 满足某种特殊的需要。

4. 子程序格式

O××××；   （子程序号）

N10…；

N20…；

⋮

N80…；

N90 M99；   （子程序结束）

注意事项：

① 在子程序的开头，即"O"之后编写子程序的序号，由 4 位数构成。

② M99 为子程序结束指令，为使程序清晰可单独使用一个程序段。

5. 子程序的调用

指令格式：M98 P ×××××××；

注意事项：

① M98 是调用子程序指令，×××为调用子程序次数，系统允许调用的次数为 999 次；××××为子程序号。如"M98 P30100；"表示调用子程序（O0100）共 3 次。

② 子程序中还可以调用另一个子程序，以进一步简化程序，这一功能称为子程序的嵌套。当主程序调用子程序时，该子程序被认为是一级子程序，在该程序中再调用其他子程序则是二级嵌套。系统不同，子程序嵌套的级数也不同。一般情况下，在 FANUC-0i 系统中，子程序可以嵌套 4 级。

③ 子程序在不同数控系统中的调用格式不同。

任务 2 程 序 编 制

1. 工艺分析

（1）零件几何特点

该轴主要加工面为外圆和外圆槽，表面粗糙度均为 $3.2\mu m$，由刀具和切削参数保证。

（2）操作步骤

根据零件图样要求,建立工件坐标系,如图 9-1 所示,试切对刀,输入刀补值,工序安排如下。

① 端面加工,选用 45°外圆车刀,用 G94 指令。

② 外圆粗车加工,选用 90°外圆车刀,用 G90 指令。

③ 外圆精车加工,选用 90°外圆车刀,用 G90 指令。

④ 外圆槽的加工,选用刀宽 3mm 的切槽刀,用 G01、M98、M99 指令。

⑤ 据轴向长度切断,选用刀宽 4mm 的切断刀。

（3）各工序刀具及切削参数

各工序刀具及切削参数如表 9-1 所示。

表 9-1　刀具及切削参数（相同多槽轴加工）

序号	加工面	刀具号	刀 具 规 格		主轴转速 /(r/min)	进给速度 /(mm/r)
			类 型	材 料		
1	端面	T01	45°外圆车刀		800	0.1
2	外圆粗加工	T02	90°外圆车刀		800	0.2
3	外圆精加工	T02	90°外圆车刀	硬质合金	1000	0.08
4	外圆槽加工	T03	宽 3mm 的切槽刀		500	0.08
5	切断	T04	宽 4mm 的切断刀		500	0.08

2. 参考程序

O0090；	（主程序）
N02 M03 S800；	（主轴转速 500r/min）
N04 T0101；	（调用 1 号刀）
N06 G00 X35.0 Z2.0；	（刀具定位）
N08 G94 X0 Z0 F0.1；	（端面切削循环）
N10 G00 X200.0 Z200.0；	（1 号刀退刀）
N12 T0202；	（调用 2 号刀）
N14 G00 X35.0 Z2.0；	（2 号刀定位）
N16 G90 X30.5 Z−56.0 F0.2	（外圆粗车循环）
N18 M03 S1000；	（精车提高转速）
N20 G90 X30.0 Z−56.0 F0.08	（外圆精车循环）
N22 G00 X200.0 Z200.0；	（2 号刀退刀）
N24 T0303；	（调用 3 号刀）
N26 M03 S500；	（主轴转速为 500r/min）
N28 G00 X35.0 Z0.0；	（3 号刀定位）
N30 M98 P40001；	（调用 4 次子程序）
N32 G00 X200.0 Z200.0；	（3 号刀退刀）
N34 T0404；	（调用 4 号刀）
N36 G00 X35.0 Z−56.0；	（4 号刀定位）
N38 G01 X0.5 F0.08；	（切断）
N40 G00 X35.0；	
N42 G00 X200.0 Z200.0；	（4 号刀退刀）
N44 M05；	（主轴停转）

N46 M30；   （程序结束）

O0001；   （子程序）
N02 G00 W−11；   （Z 方向定位）
N04 G01 U−10 F0.08；   （加工第 1 个槽）
N06 G04 X2；   （暂停光切）
N08 G00 U10；   （X 方向退刀）
N10 M99；   （子程序返回）

任务 3　机床操作训练

（1）用子程序加工图 9-2 所示的零件，已知毛坯尺寸为 $\phi35\text{mm} \times 60\text{mm}$。

（2）用 G71 配合子程序加工图 9-3 所示的零件，已知毛坯尺寸为 $\phi65\text{mm} \times 90\text{mm}$。

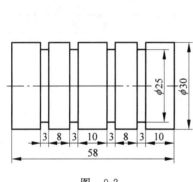

图　9-2

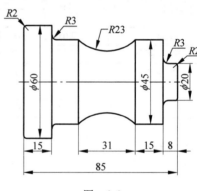

图　9-3

非圆曲线加工（宏指令）

项目知识

熟悉数控编程中的宏程序编程技术。

技能目标

能根据图样利用宏程序编制常见的加工程序。

任 务 1　项 目 提 出

项目加工任务①：用宏指令加工图 10-1 所示的非圆曲线（抛物线）内轮廓。毛坯尺寸为 $\phi30\text{mm} \times 30\text{mm}$，材料为 45♯钢，外形已基本完成。

项目加工任务②：用宏指令加工图 10-2 所示的非圆曲线（椭圆）外轮廓。毛坯尺寸为 $\phi32\text{mm} \times 60\text{mm}$，材料为 45♯钢。

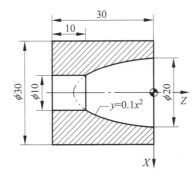

图 10-1　宏指令加工抛物线内轮廓

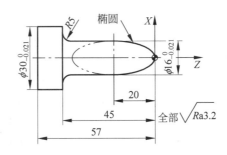

图 10-2　宏指令加工椭圆轮廓

◆　知识链接

1. 任务指导

这是一个非圆曲线加工任务，用普通指令很难完成。若依照标准参数方程用宏程序加工,则用短短的几段程序就可以完成。其他一些曲线,如双曲线、渐开线、摆线等有规律的形状,都可以通过标准参数方程利用宏程序加工,程序段具有易读性和易修改性。

2. 宏指令定义

宏程序:其实质与子程序相似,它也是把一组实现某种功能的指令,以子程序的形式预先存储起来,在主程序中,只要编入相应的调用指令就能执行这一功能。

宏指令编程:当一个工件上有非圆曲线部分时常用宏指令编程。它是指可以用变量进行算术运算、逻辑运算和函数混合运算的程序编写形式。它可编制各种复杂的零件加工程序,增强机床的加工能力,同时可精简程序量。各种数控系统的宏程序格式和用法均有所不同,以 FANUC-0i TC 系统的宏 B 为例简要介绍宏指令编程。

3. 变量与赋值

(1) 变量

变量是指在一个程序运行期间其值可以变化的量,在宏程序中使用的变量称为宏变量。它可以是常数或者表达式,也可以是系统内部变量。变量在程序运行时参加运算,在程序结束时释放为空。其中内部变量称为系统变量,是系统自带,也可以人为地为其中一些变量赋值,内部变量主要分为以下 4 种类型。

① 空变量:指永远为空的变量。

② 局部变量:用于存放宏程序中的数据,断电时丢失为空。

③ 公共变量:可以人工赋值,有断电为空与断电记忆两种。

④ 系统变量:用于读写 CNC 数据变化。

(2) 赋值

赋值是指将一个数据赋予给一个变量。如:$\#1=0$,则表示 $\#1$ 的值是 0。其中 $\#1$ 代表变量,"$\#$"是变量符号(注:根据数控系统不同,它的表示方法可能有差别),0 就是给变量 $\#1$ 赋的值。这里的"$=$"号是赋值符号,起语句定义作用,变量赋值方法见表 10-1 所示。

赋值规律如下。

① 赋值号两边内容不能随意互换,左边只能是变量,右边只能是表达式。

② 一个赋值语句只能给一个变量赋值。

③ 可以多次向同一个变量赋值,新变量值取代原变量值。

④ 赋值语句具有运算功能,它的一般形式为:变量=表达式。

⑤ 在赋值运算中,表达式可以是变量自身与其他数据的运算结果,如:$\#1=\#1+1$,则表示 $\#1$ 的值为 $\#1+1$,这一点与数学运算是有所不同的。

⑥ 赋值表达式的运算顺序与数学运算顺序相同。

⑦ 角度的单位要用浮点表示法,例如:$30°30'$ 用 $30.5°$ 来表示。

⑧ 不能用变量代表的地址符有:O、N、:、/。其次,辅助功能的变量有最大值限制,比如将 M30 赋值$=300$ 显然是不合理的。

表 10-1　变量赋值方法

地址	变量号	地址	变量号	地址	变量号
A	♯1	I	♯4	T	♯20
B	♯2	J	♯5	U	♯21
C	♯3	K	♯6	V	♯22
D	♯7	M	♯13	W	♯23
E	♯8	Q	♯17	X	♯24
F	♯9	R	♯18	Y	♯25
H	♯11	S	♯19	Z	♯26

注：地址 G、L、N、O、P 不能用于实参；不需指定的地址可省略，省略地址对应的局部变量设成空。

4. 算术和逻辑运算

（1）算术运算

算术运算主要是指加、减、乘、除、乘方、函数等。在宏程序中经常使用算术运算如表 10-2 所示。

表 10-2　宏程序算术运算

+	加	-	减	*	乘
/	除	SIN	正弦	ASIN	反正弦
COS	余弦	ACOS	反余弦	TAN	正切
ATAN	反正切	SQRT	平方根	ABS	绝对值
ROUND	舍入	EXP	指数	LN	对数
FIX	上取整	FUP	下取整	MOD	取余

（2）逻辑运算

逻辑运算可以理解为比较运算，它通常是指两个数值的比较或者关系。在宏程序中，主要是对两个数值的大小进行比较，常用的运算如表 10-3 所示。

表 10-3　宏程序逻辑运算

EQ	等于	NE	不等于	GT	大于
GE	大于且等于	LT	小于	LE	小于且等于
AND	与	OR	或	NOT	非

注：根据数控系统不同，它的表示方法可能有所差别。

5. 分支和循环

在程序中可用 GOTO 语句和 IF 语句改变控制执行顺序。分支和循环操作共有以下 3 种类型。

第 1 种：GOTO 语句——无条件分支（转移）

第 2 种：IF 语句——条件分支；if…，then…

第 3 种：WHILE 语句——循环；while…

（1）无条件分支 GOTO 语句

控制转移（分支）到顺序号 n 所在位置。当顺序号超出 1～9999 的范围时，产生 128 号报警。顺序号可用表达式指定。

编程格式：GOTO n；

其中，n：（转移到的程序段）顺序号。

举例：GOTO1；

　　　GOTO♯10；

（2）条件分支 IF 语句

在 IF 后指定一条件，当条件满足时，转移到顺序号为 n 的程序段，不满足则执行下一程序段。

编程格式：IF［条件表达式］GOTO n；

说明：如果条件表达式的条件得以满足，则转而执行程序中程序号为 n 的相应操作，程序段号 n 可以由变量或表达式替代；如果条件未满足，则执行下一段程序。

（3）循环 WHILE 语句

在 WHILE 后指定一条件表达式，当条件满足时，执行 DO 到 END 之间的程序（然后返回到 WHILE 重新判断条件），不满足则执行 END 后的下一程序段。

编程格式：WHILE［条件表达式］DO m；（m＝1,2,3）

　　　　　⋮

　　　　　END m；

说明：WHILE 语句对条件的处理与 IF 语句类似。在 DO 和 END 后的数字是用于指定处理的范围（称循环体）的识别号，数字可用 1、2、3 表示。当使用 1、2、3 之外的数时，产生 126 号报警。

任务 2　程序编制

1. 加工任务①的零件工艺分析

（1）零件几何特点

如图 10-1 所示，这是一个内抛物线轮廓的加工任务，主要应用宏指令来加工非圆曲线。

（2）操作步骤

毛坯尺寸为 $\phi30mm \times 60mm$，材料为 45♯钢，外形已基本完成，工件右端面轴心线为工件原点，采用手动对刀。

① 用端面车刀车平端面。

② 以最外圆为定位基准，用卡盘夹紧，外圆车刀对刀，建立工件坐标系。

③ 内、外轮廓粗加工，已完成。

④ 椭圆面的加工，可选用 90°的外圆车刀，用宏指令，转速 S 为 600，进给速度 F 为 0.08mm/r。

2. 加工任务①的参考程序

O0010；	（程序名）
N02 T0101；	（调用 1 号刀具 1 号刀补）
N04 M03 S600；	（主轴正转，转速 600r/min）
N06 G00 X20.0；	（快速定位到安全点）
N08 Z2.0；	
N10 G01 Z0；	（进给至循环起始点）
N12 ♯10＝20.0；	（定义 X 方向初始变量）
N14 ♯11＝40.0；	（定义 Z 方向初始变量）
N16 ♯12＝0.05；	（每次循环步长）
N18 WHILE[♯10 GE 10] DO1；	（当♯10 中的变量≥10 时调用循环 DO1 和 END1 间的程序）
N20 G01X[♯10] Z[♯11−40]；	
N24 ♯10＝♯10−♯12；	（自变量的运算）
N26 ♯11＝0.1＊♯10＊♯10；	（应变量的运算）
N28 END1；	（循环结束）
N30 G01 W−10.0 F0.08；	（车内圆柱面）
N32 U−0.5；	（X 方向退刀）
N34 Z2.0；	（Z 方向退刀）
N36 G00 X200.0 Z200.0；	（快退至换刀点）
N38 M05；	
N40 M30；	

3. 加工任务②的零件工艺分析

（1）零件几何特点

如图 10-2 所示，轴类零件主要加工面为椭圆面和外圆面，尺寸公差均为 0.021mm，表面粗糙度为 3.2μm。采用 ϕ32mm×60mm 的毛坯。

（2）加工工序

① 试切法对刀，建立工件坐标系，如图 10-2 所示，端面车刀车平端面。

② 外圆粗车，选用 75°外圆车刀，用 G71 指令。

③ 外圆精车，选用 75°外圆车刀，用 G70 指令。

④ 椭圆外表面加工，选用 90°外圆车刀，用宏指令。

⑤ 根据轴向长度切断，选用宽度为 4mm 的切断刀。

（3）各工序刀具及切削参数选择

各工序刀具及切削参数选择如表 10-4 所示。

表 10-4　刀具及切削参数（椭圆轮廓）

序号	加工面	刀具号	刀具规格		主轴转速 /(r/min)	进给速度 /(mm/r)
			类型	材料		
1	端面	T01	45°外圆车刀		800	0.1
2	外圆粗加工	T02	75°外圆车刀		800	0.2
3	外圆精加工	T02	75°外圆车刀	硬质合金	1000	0.08
4	椭圆外表面加工	T03	90°外圆车刀		600	0.1
5	切断	T04	宽 4mm 的切断刀		500	0.08

（4）程序计算说明

椭圆方程为 $x^2/8^2+z^2/20^2=1$（椭圆中心为方程原点），椭圆的长半轴和短半轴长分别为 20mm 和 8mm，用参数方程计算，$z=20\cos\alpha$，$x=8\sin\alpha$，α 为椭圆和 Z 轴夹角，变化范围为 $0°\sim90°$，相对其他形式来说，引入 α 计算和程序比较简单。

（5）测量工具

采用游标卡尺、钢直尺，精度要求较高的表面用千分尺进行测量。

4. 加工任务②的参考程序

```
O0090;                        （主程序）
N02 M03 S800;                 （主轴转速 800r/min）
N04 T0101;                    （调用 1 号刀）
N06 G00 X35.0 Z2.0;           （1 号刀具定位）
N08 G94 X0 Z0 F0.1;           （车平端面）
N10 X200.0 Z200.0;
N12 T0202;                    （调用 2 号刀）
N14 G00 X35.0 Z2.0;           （固定循环点 35,2）
N16 G71 U1.5 R0.5;            （外径粗车固定循环）
N18 G71 P20 Q30 U0.8 W0.3 F0.2;
N20 G00 X16.0;                （不能有 Z 向位移）
N22 G01 Z−40.0 F0.08;         （精进给速度 0.08mm/r）
N24 G02 X26.0 Z−45.0 R5.0     （倒圆角 R5）
N26 G01 X30.0;
N28 Z−61.0;
N30 G01 X50.0;                （X 轴向退刀）
N32 G00 X200.0 Z200.0;        （两个轴向退刀）
N34 M03 S1000;                （提高精车转速）
N36 G00 X35.0 Z2.0;           （定义循环点）
N38 G70 P20 Q30;              （精车循环开始）
N40 G00 X200.0 Z200.0;        （2 号刀退刀）
N42 T0303;                    （调用 3 号刀,加工椭圆外表面）
N44 M03 S600;
N46 G00 X0 Z2.0;
N48 G01 Z0 F0.1;
N50 #10=20;                   （长半轴）
N52 #20=8;                    （短半轴）
N54 #30=0;                    （α 初始角度）
N56 WHILE[#30 LE 90]DO1;
N58 #40=#10 * COS#30;
N60 #50=#20 * SIN#30;
N62 G01 X#40 Z#50;
N64 #30=#30+0.2;              （增加步长）
N66 END1;                     （循环结束）
N68 G01 X50.0;                （刀具 X 方向退刀）
N70 G00 X200.0 Z200.0;        （3 号刀退刀）
N72 T0404;                    （调用 4 号刀）
N74 M03 S500;
N76 G00 Z−61.0;               （Z 方向瞄准）
```

N78 X35.0；
N80 G01 X1.0 F0.08；　　　　　（根据轴向长度切断）
N82 G00 X200.0 Z200.0；　　　（4号刀退刀）
N84 M05；
N86 M30；

任务3　机床操作训练

1. 宏程序加工注意事项

① 使用宏程序加工时,应注意 FANUC 数控系统的变量及应用范围。

② 注意把零件中的曲线方程转换为编程坐标系的曲线方程并选用最简单的参数方程。

③ 注意掌握宏程序的调试。

2. 习题

（1）用宏程序加工图 10-3 所示的零件,已知毛坯尺寸为 $\phi40\text{mm}\times50\text{mm}$。

（2）用宏程序加工图 10-4 所示的零件,已知毛坯尺寸为 $\phi50\text{mm}\times80\text{mm}$。

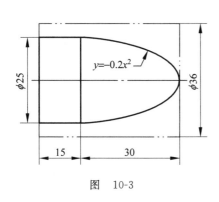

图　10-3

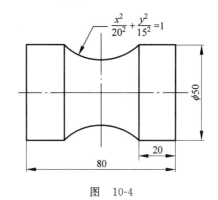

图　10-4

典型轮廓轴类零件加工

> **项目知识**
> 巩固前面所学的工艺知识、编程知识和数控机床操作性能,并能综合应用。
>
> **技能目标**
> 能在数控车床上加工复杂典型的轴类零件。

任务 1　项目提出

加工图 11-1 所示的零件,已知工件材料为 45♯钢,毛坯尺寸为 φ32mm×80mm。

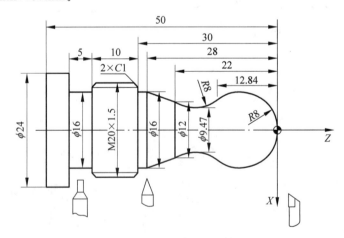

图 11-1　典型轮廓轴类零件加工

任务2 任务分析指导

加工步骤：分析零件图→制定工艺→数值计算→编制程序→输入控制器→调试程序→加工零件。在该任务的加工过程中还应注意以下问题。

① 典型轮廓轴类零件的外形一般由圆柱面、圆锥面、平面、轴槽、螺纹和曲面组成，这些基本表面的编程方法是车削典型轴类零件的基础。

② 典型轮廓轴类零件尺寸一般是中间大、两端小，这就需要调头加工，即先粗、精加工完一端，再调头粗、精加工另一端，这一点与普通车削工艺不一样。

③ 典型轮廓轴类零件的预加工，如车平端面、打中心、车装夹部位等尽可能在普通车床上先加工出来，此外还要考虑工件刚性和切削用量对工件加工质量的影响。

④ 典型轮廓零件的编程还需考虑零件的批量。大批量生产时，首先应验证图样尺寸的准确性，最好重新绘图，用计算机自动找出轮廓间的基点坐标。

任务3 程序编制

1. 工艺分析

（1）零件几何特点

图 11-1 所示零件轮廓为圆弧、圆锥面、圆柱面、螺纹和轴槽，不需调头加工。

（2）加工顺序

毛坯尺寸为 $\phi30\text{mm}\times80\text{mm}$，材料为 45# 钢。加工部位有车平端面、$R8$ 凸圆、$R8$ 凹圆、正锥面、$\phi16\text{mm}$ 圆柱面、$M20\text{mm}\times1.5\text{mm}$ 螺纹、$\phi16\text{mm}$ 退刀槽、$\phi24\text{mm}$ 圆柱面。根据图样要求，可选用 CAK6140VA 机床进行加工，换刀点定为 $X200$，$Z200$，加工顺序如下。

① 用三爪自定心卡盘夹持 $\phi30\text{mm}$ 外圆，车平端面，各车刀对刀，输入形状补正数值，建立工件坐标系。

② 自右向左进行轴轮廓加工，循环点为（30,5）。

③ 切槽 $\phi16\text{mm}\times5\text{mm}$。

④ 车螺纹 $M20\text{mm}\times1.5\text{mm}$。

⑤ 切断，保证轴向长度 50mm。

2. 刀具及切削参数

刀具及切削参数如表 11-1 所示。

表 11-1 刀具及切削参数（典型轮廓轴类零件）

序号	加工轮廓	刀具号	刀 具 规 格		主轴转速 /(r/min)	进给速度 /(mm/r)
			类 型	材 料		
1	车端面		端面车刀	硬质合金	500	0.2
2	粗车轮廓	T01	75°外圆车刀		800	0.15
3	精车轮廓	T01	75°外圆车刀		1000	0.1
4	车退刀槽	T02	宽 3mm 切槽刀		500	0.1
5	车螺纹	T03	螺纹刀		800	1.5
6	切断	T04	宽 3mm 切断刀		500	0.1

3. 参考程序

```
O0100；
N010 T0101；                        （调1号刀轮廓粗加工）
N020 M03 S800；
N030 G00 X30.0 Z5.0；               （循环点 30,5）
N030 G71 U1.5 R0.5；                （用 G71 循环指令粗加工,使毛坯接近零件外形）
N040 G71 P050 Q160 U0.3 W0.2 F0.15；
N050 G00 X18.0；
N060 G01 Z-30.0 F0.1；
N090 X18.0；                        （移到倒角点上）
N100 X20.0 Z-31.0；                 （倒角 C1）
N110 Z-39.0；                       （移到倒角点上）
N120 X18.0 Z-40.0；                 （再倒角 C1）
N130 Z-45.0；
N140 X24.0；
N150 Z-55.0；                       （轴向多切 5mm）
N160 X35.0；                        （X 方向退刀）
N170 G00 X200.0 Z200.0；            （1 号刀快回换刀点）

N180 T0101；                        （外圆精加工）
N190 M03 S1000；
N200 G00 X30.0 Z5.0；
N210 G70 P050 Q160 F0.1；           （精加工语句,和 G71 配合使用）
N220 G00 X200.0 Z200.0；

N230 T0101；                        （右侧外圆粗加工,长度 30mm）
N240 M03 S800；
N250 G00 X35.0 Z5.0；
N260 G73 U4.0 R3.0；                （尺寸有增减,用 G73,X 单边余量取 4mm）
N270 G73 P280 Q340 U0.3 W0.2 F0.15；
N280 G00 X0；
N290 G01 Z0 F0.1；
N300 G03 X12.74 Z-12.84 R8.0；（顺圆加工 G03）
N310 G02 X12.0 Z-22.0 R8.0；    （逆圆加工 G02）
N320 G01 X16.0 Z-28；
N330 Z-30.0；
N340 X24.0；
N350 G00 X200.0 Z200.0；

N360 T0101；                        （外圆精加工）
N370 M03 S1000；
N380 G00 X35.0 Z5.0；
N390 G70 P280 Q340；                （G70 和 G73 配合使用）
N400 G00 X200.0 Z200.0；

N410 T0202；                        （切槽）
N420 M03 S500；
N430 G00 X35.0 Z-45.0；
N440 G75 R1.0；
N450 G75 X16.0 Z-43.0 P2000 Q5000 F0.1；
N460 G00 X200.0 Z200.0；
```

N470 T0303；　　　　　　　　　　　　（车螺纹）
N480 M03 S800；
N490 G00 X25.0 Z−25.0；
N500 G92 X19.1 Z−42.0 F1.5；　　　　（按照螺距1.5查相关工具书,第1刀切掉0.974,取0.9)
N510 X18.3；　　　　　　　　　　　　（第2刀切掉0.8)
N520 X18.05；　　　　　　　　　　　 （第3刀切掉0.25,并达到小径尺寸：20−1.3×1.5＝18.05)
N530 G00 X200.0 Z200.0；　　　　　 （退刀）

N540 T0404；
N550 M03 S500.0；
N560 G00 Z−53.0；　　　　　　　　　（Z方向瞄准）
N570 X35.0；
N580 G01 X1.0 F0.1；　　　　　　　　（切断零件）
N590 G00 X35.0；
N600 X200.0 Z200.0；　　　　　　　 （4号刀快回换刀点）
N610 M05；
N550 M30；

任务4　机床操作训练

1. 车削复杂典型轴注意事项

① 复杂典型轴的加工要比简单零件复杂,加工时需要根据零件的结构形状、刚性、技术要求、生产类型综合考虑安排工艺。

② 零件较长或刚性较差时,要采用一夹一顶的装夹方法,编程时要注意避免刀具与尾座干涉。

③ 如果毛坯余量不均匀或加工精度要求较高时,要区分粗车和精车两个阶段。在精加工时要给工件留下足够的加工余量来保证工件的形状精度。

④ 需要调头加工的工件,一定要把工件一端的内、外加工表面粗、精加工后再调头加工另一端,以避免重新对刀,影响工件的形位公差；

⑤ 安排工艺时要体现先面后孔、先粗后精、先主后次、内外交叉等工艺原则。

2. 习题

(1) 用宏程序加工图11-2所示的零件,已知毛坯尺寸为ϕ30mm×90mm。

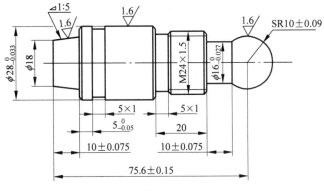

图 11-2

（2）用宏程序加工图 11-3 所示的零件，已知毛坯尺寸为 $\phi30\text{mm}\times95\text{mm}$。

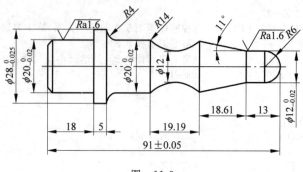

图　11-3

典型套类零件加工

项目知识

巩固前面所学的工艺知识、编程知识和数控机床操作性能,并能综合应用。

技能目标

能在数控车床上加工典型套类零件,能够根据加工过程中出现的质量问题调整切削用量,掌握车削复杂零件加工中的检测方法,分析零件质量出现异常现象的原因,并能采取相应的工艺措施。

任务1 项目提出

加工图 12-1 所示的零件,已知工件材料为 45♯钢,毛坯尺寸为 $\phi70\text{mm}\times100\text{mm}$。

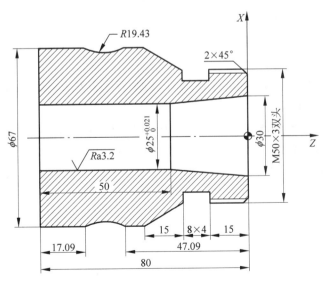

图 12-1 典型套类零件加工

任务 2　任务分析指导

加工步骤：分析零件图→制定工艺→数值计算→编制程序→输入控制器→调试程序→加工零件。

车削内外轮廓集一体的复杂零件过程中还应注意以下问题。

① 内轮廓零件一般要求较高的尺寸精度，表面粗糙度数值小，有的还要求形位公差，因此加工的关键是如何保证零件的尺寸精度和位置精度。

② 内轮廓加工时，刀具受孔深和刀杆直径的限制，刀杆长、刚性差，加工时采用的切削量比外轮廓相同情况下小 30%～50%。

③ 内外轮廓集一体的复杂零件加工顺序一般是先内后外，内外交叉，粗加工时先粗加工内腔、内表面，后外形粗加工；精加工时先内腔、内表面精加工，后外形精加工。加工顺序不是唯一的，要根据具体情况分析调整。

④ 这类工件若要调头加工，则掉头装夹时应垫铜皮或用软卡爪，夹紧力要适当，不要把已加工表面夹坏。

任务 3　程序编制

1. 工艺分析

（1）零件几何特点

图 12-1 所示零件有内外轮廓，有内外柱面、内锥面、外圆弧、外槽和外螺纹，不需调头加工。

（2）操作步骤

根据图样要求，外表面先加工，内表面精度高后加工，以保证尺寸精度。确定加工顺序：粗、精加工外表面轮廓→外表面切槽→粗、精加工内表面→外表面车螺纹→切断工件。根据图样要求，可选用 CAK6140VA 机床进行加工，换刀点定为 $X200，Z200$，具体加工顺序如下。

① 用三爪自定心卡盘夹持 $\phi70mm$ 外圆，车平端面，各车刀对刀，输入形状补正数值，建立工件坐标系，如图 12-1 所示。

② 自右向左进行外轮廓粗、精加工，循环点为（75,2），用 G73 指令。

③ 自右向左进行内轮廓粗、精加工，循环点为（18,2），用 G71 指令。

④ 外表面车螺纹退刀槽。

⑤ 内表面先钻孔后扩孔。

⑥ 车螺纹 M50×3。

⑦ 切断，保证轴向长度 80mm。

2. 刀具及切削参数

刀具及切削参数如表 12-1 所示。

表 12-1 刀具及切削参数（典型套类零件）

序号	加工轮廓	刀具号	刀 具 规 格		主轴转速 /(r/min)	进给速度 /(mm/r)
			类 型	材 料		
1	粗车轮廓	T01	75°外圆车刀	硬质合金	800	0.3
2	精车轮廓	T01	75°外圆车刀		1000	0.1
3	切外沟槽刀	T02	宽 3mm 切槽刀		500	0.1
4	钻孔	T03	ϕ20mm 麻花钻头	高速钢	400	0.1
5	内轮廓粗车 内轮廓精车	T04	镗孔刀	硬质合金	600 800	0.2 0.1
6	车螺纹	T05	螺纹刀		800	3
7	切断	T06	宽 3mm 切断刀		500	0.1

3. 参考程序

```
O0110；
N02 T0101；                        (外轮廓粗加工)
N04 M03 S800；
N06 G00 X75.0 Z2.0                 (定义循环点 X75.0 Z2.0)
N08 G73 U10.0 R8.0；               (X 方向最大单边余量取 10mm)
N10 G73 P12 Q26 U0.2 W0.1 F0.3；   (工件径向有增减,不能用 G71 循环指令)
N12 G01 X46.0 Z0 F0.1；
N14 G01 X50.0 Z-2.0；
N16 Z-23.0；
N18 X67.0 Z-38.0；
N20 Z-47.09；
N22 G02 X67.0 Z-62.91 R19.43；
N24 G01 Z-80；
N26 X70.0；
N28 G00 X200.0 Z200.0；

N30 T0101；                        (外轮廓精加工)
N32 M03 S1000；
N34 G00 X75.0 Z2.0；
N36 G70 P12 Q26；
N38 G00 X200.0 Z200.0；            (1 号刀快速退刀)

N40 T0202；                        (2 号切槽刀切外槽 8mm×4mm)
N42 M03 S500；
N44 G00 X55.0 Z-23.0；             (Z 方向瞄准)
N46 G75 R1.0；                     (切宽 8mm 槽,用 G75 循环语句)
N48 G75 X42.0 Z-18.0 P3000 Q2000 F0.1；
N50 G00 X70.0；
N52 X200.0 Z200.0；                (2 号刀快速退刀)
```

N54 T0303；　　　　　　　　　　（钻孔 ϕ20mm）

N55 M03 S400

N56 G00 X0 Z2.0；　　　　　　　（X 方向瞄准）

N58 G74 R1.0；

N60 G74 Z−92.0 Q3000 F0.1；　（Z 为钻头顶点坐标）

N62 G00 Z10.0；

N64 G00 X200.0 Z200.0；　　　　（3 号刀快速退刀）

N66 T0404；　　　　　　　　　　（用镗孔刀扩孔粗加工）

N68 M03 S600；

N70 G00 X18.0 Z2.0；

N72 G71 U2.0 R1.0；　　　　　　（内轮廓尺寸单调递增，用 G71 循环指令）

N74 G71 P76 Q84 U−0.2 W0.2 F0.2；

N76 G00 X30.0；

N78 G01 Z0 F0.1；

N80 X25.0 Z−30.0；

N82 Z−82.0；

N84 X18.0；　　　　　　　　　　（X 方向退刀）

N86 G00 X200.0 Z200.0；　　　　（4 号刀回换刀点）

N88 T0404；　　　　　　　　　　（用镗孔刀扩孔精加工）

N90 M03 S800；

N92 G00 X18.0 Z2.0；

N94 G70 P76 Q84；

N96 G00 X200.0 Z200.0；

N98 T0505；　　　　　　　　　　（车外螺纹）

N100 M03 S800；

N102 G00 X50.0 Z2.0；

N104 G92.0 X49.1 Z−19.0 F3.0；（用切螺纹循环指令 G92 加工，第 1 刀进给量 0.9mm）

N106 X48.5；　　　　　　　　　　（第 2 刀进给量 0.6mm）

N108 X47.9；　　　　　　　　　　（第 3 刀进给量 0.6mm）

N110 X47.5；　　　　　　　　　　（第 4 刀进给量 0.4mm）

N112 X47.4；　　　　　　　　　　（第 5 刀进给量 0.1mm，达到小径尺寸 50−1.3×2＝47.4mm）

N114 G00 X50.0 Z3.5；

N116 G92.0 X49.1 Z−19.0 F3；　（车双头螺纹）

N118 X48.5；

N120 X47.9；

N122 X47.5；

N124 X47.4；

N126 G00 X200.0 Z200.0；

N128 T0606；　　　　　　　　　　（切断工件）

N130 M03 S500；

N132 G00 X70.0 Z－83.0；　　　（Z定位点为80＋3＝83mm）

N134 G01 X1.0 F0.1；

N136 G00 X200.0；

N138 Z200.0；

N140 M05；

N142 M30；

任务4　机床操作训练

1. 套类零件加工注意事项

① 加工内表面时，要时刻注意孔部位的关键尺寸，应经常测量以防止尺寸超差。

② 大批量生产时，应该尽可能用计算机绘图的办法找出复杂轮廓上的点，有必要时，要重新绘制零件图，以验证图样尺寸是否有误。

③ 内轮廓刀具回旋空间小，刀具进退方向与外轮廓有较大区别，加工时要特别注意。

④ 套类零件内表面一般不会太复杂，加工工艺一般采用钻孔→粗铰→精铰，孔径太小时要采用手动控制，以免刀具与工件轮廓发生干涉。

⑤ 装夹内孔刀时，刀杆伸出的长度要适宜。

⑥ 加工孔时，由于切削液达不到加工区域，使刀具温度升高，磨损加快，可采用工艺性退刀，以利于切屑顺利排出。

2. 习题

（1）编程加工图 12-2 所示的零件，表面粗糙度均为 $3.2\mu m$，已知毛坯为铸造件，均匀余量为 5mm。

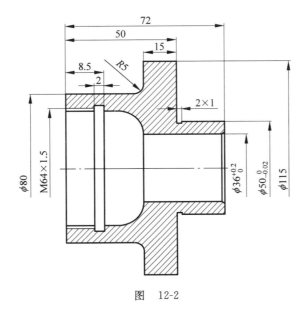

图　12-2

（2）编程加工图 12-3 所示的零件，已知毛坯尺寸为 $\phi 60\text{mm} \times 40\text{mm}$。

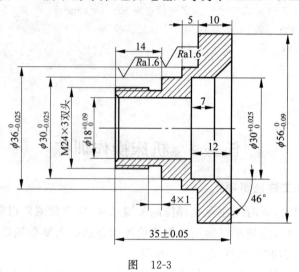

图 12-3

数控铣/加工中心编程与操作

平面沟槽类零件加工

项目知识
基本指令(G00、G01、G02、G03)的应用。
技能目标
铣平面及平面内沟槽的加工。

任务 1 项 目 分 析

图 13-1 所示为平面沟槽类零件,工件材料为 45♯钢,分析得知该类
零件沟槽侧面与其上表面的垂直度一般要求较高,故先要铣削该零件的
上表面。完成之后,按照沟槽宽度选择 φ3 键槽刀进行铣削沟槽。因此,
将该零件分为两部分内容加工:铣平面与铣沟槽。

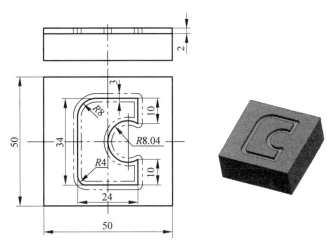

图 13-1　平面沟槽零件图

◆ 知识链接

1. 快速定位 G00 指令

（1）功能

快速定位用于将刀具以快速进给的速度定位至目标点上。

（2）指令格式

G00 X_Y_Z_；（X、Y、Z 为目标点坐标）

（3）注意事项

① G00 只能用于快速定位，不能用于切削。

② 刀具相对于工件以各轴预先设定的速度，从当前位置快速移动到程序段指令的定位目标点。其快移速度由机床参数"快移进给速度"对各轴分别设定，而不能用 F 规定。G00 一般用于加工前的快速定位或加工后的快速退刀。注意在执行 G00 指令时，由于各轴以各自速度移动，不能保证各轴同时到达终点，因而联动直线轴的合成轨迹不一定是直线。所以操作者必须格外小心，以免刀具与工件发生碰撞。常见的做法是将 Z 轴移动到安全高度，再放心地去执行 G00 指令。

③ 使用 G00 指令时，刀具的移动速率由机床的控制面板上的快速进给倍率来调节。

2. 直线插补 G01 指令

数控机床的刀具（或工作台）沿各坐标轴位移是以脉冲当量为单位的（mm/脉冲）。刀具加工直线或圆弧时，数控系统依据程序给定的起点和终点坐标值，在其间进行"数据点的密化"——求出一系列中间点的坐标值，然后依顺序按这些坐标轴的数值向各坐标轴驱动机构输出脉冲。数控装置进行的这种"数据点的密化"叫做插补功能。

G01 是直线插补指令。它指定刀具从当前位置，以两轴或三轴联动方式向给定目标按 F 指定进给速度运动，加工出任意斜率的平面（或空间）直线。

（1）功能

G01 指令用以直线切削和斜线切削。刀具以一定进给速度 F 从当前所在位置沿直线切削到指令给出的目标位置。

（2）指令格式

G01 X_Y_Z_F_；（X、Y、Z 为目标点坐标；F 为进给量）

（3）注意事项

① G01 指令后的坐标值取绝对值尺寸还是增量值尺寸取决于绝对编程（G90）还是相对编程（G91）。

② 进给速度由 F 指令决定，F 指令也是模态指令，可通过机床控制器上的旋钮开关来调节。

3. 圆弧插补 G02/G03 指令

（1）功能

G02/G03 指令用于圆弧切削。刀具在指定平面内按给定的进给速度 F 作圆弧切削，即从当前位置（圆弧的起点）沿圆弧移动到指令给出的目标位置，从而切出圆弧轮廓。

（2）圆弧插补方向判别

G02 为顺圆、G03 为逆圆。所谓顺圆、逆圆指的是从第三轴正向朝零点或朝负方向看，如 X—Y 平面内，从 Z 轴正向向原点观察，顺时针转为顺圆，反之为逆圆。

（3）指令格式

① 用 R 表示。

$$\left.\begin{array}{l} \text{G02} \\ \text{G03} \end{array}\right\} X\_Y\_Z\_R\_F\_;\ (X、Y、Z\ 表示圆弧的终点坐标；R\ 为圆弧半径；F\ 为进给量)$$

② 用 I、J、K 表示。

$$\left.\begin{array}{l} \text{G02} \\ \text{G03} \end{array}\right\} X\_Y\_Z\_I\_J\_K\_F\_;\ (X、Y、Z\ 表示圆弧的终点坐标；I、J、K\ 表示圆心坐标$$

相对于圆弧起点坐标分别在 X、Y、Z 轴上的差值；F 表示进给量）

当 $Z \neq 0$ 时，表示刀具运动轨迹不仅仅是在 X—Y 平面内，Z 方向也同时存在移动量，从而形成螺旋形进给轨迹，见图 13-2 所示。

（4）注意事项

① 在切削圆弧小于或等于 180°时，R 为正值；大于 180°时，R 为负值。

② 在切削圆弧为 360°（整圆）时，不能用 R 编程，只能用 I、J、K 编程，因为经过同一点，半径相同的圆有无数，此时可将整圆打断成两个半圆弧，再用 R 分两个程序段进行编程。

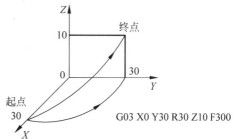

图 13-2　螺旋线进给

③ 任何圆弧都可以用 I、J、K 来指定，只是编程时比较麻烦，容易出错，所以尽可能用 R 进行编程。当程序段中两者同时被指定时，R 指令优先，I、J、K 无效。

任务 2　程 序 编 制

1. 铣平面

编程原点确定在该零件上表面中心处，工件材料为 45♯钢，各切削参数选用如下：选用 ϕ20mm 平刀；主轴转速 $S = 1500$r/min；进给率 $F = 300$mm/min；切削深度 $Z = 0.8$mm。走刀路线如图 13-3 所示，参考程序如下。

```
O0001;                    (程序名)
G21 G17 G40 G49 G80;      (程序初始化,可以省略,加上更安全)
G54 G90 G00 Z150.0;       (建立工件坐标系,刀具提高至150mm)
T01 M06;                  (调用1号刀,铣床可以省略)
M03 S1500;                (主轴正转,转速S为1500r/min)
G00 X40.0 Y-25.0;         (刀具从某个位置瞄准下刀点,准备下刀)
Z10.0;                    (快速下刀)
```

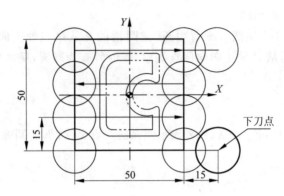

图 13-3　铣平面走刀路线

G01 Z−0.8 F100；	（切削进给下刀，铣面深度为 0.8mm）
X−25.0 F300；	（沿 X 轴切至−25 位置，进给量 F＝300mm/min）
Y−10.0；	（沿 Y 轴切至−10 位置）
X25.0；	（沿 X 轴切至 25 位置）
Y5.0；	（沿 Y 轴切至 5 位置）
X−25.0；	（沿 X 轴切至−25 位置）
Y20.0；	（沿 Y 轴切至 20 位置）
X40.0；	（沿 X 轴切至 40 位置）
G00 Z150.0；	（快速提刀）
M05；	（主轴停止）
M30；	（程序结束）

2．铣沟槽

编程原点确定在该零件上表面中心处，工件材料为 45♯钢，各切削参数选用如下：根据沟槽宽度选用 ϕ3mm 平刀；主轴转速 $S＝2000r/min$；进给率 $F＝80mm/min$；切削深度 $Z＝2mm$。走刀路线从 $A→B→C→D→E→F→G→H→A$，如图 13-4 所示。

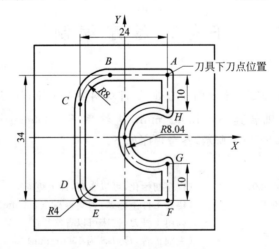

图 13-4　铣沟槽走刀路线

参考程序如下。

O0002；	（程序名）
G21 G17 G40 G49 G80；	（程序初始化,可以省略,加上更安全）
G54 G90 G00 Z150.0；	（建立工件坐标系,刀具提高至150mm）
T01 M06；	（调用1号刀,铣床可以省略）
M03 S2000；	（主轴正转,转速S为2000r/min）
G00 X12.0 Y17.0；	（刀具从某个位置瞄准下刀点,准备下刀）
Z10.0；	（快速下刀）
G01 Z−2.0 F80；	（下刀切入工件,下刀进给率$F=80$mm/min,切深为2mm）
X−4.0；	（从$A{\rightarrow}B$直线切削,进给率$F=80$mm/min）
G03 X−12.0 Y9.0 R8.0；	（从$B{\rightarrow}C$逆时针圆弧切削）
G01 Y−13.0；	（从$C{\rightarrow}D$直线切削）
G03 X−8.0 Y−17.0 R4.0；	（从$D{\rightarrow}E$逆时针圆弧切削）
G01 X12.0	（从$E{\rightarrow}F$直线切削）
Y−7.0；	（从$F{\rightarrow}G$直线切削）
G02 X12.0 Y7.0 R−8.04；	（从$G{\rightarrow}H$顺时针圆弧切削）
G01 Y17.0；	（从$H{\rightarrow}A$直线切削）
G00 Z150.0；	（快速提刀）
M05；	（主轴停止）
M30；	（程序结束）

任务3 控制面板操作

机床操作面板由CRT/MDI面板和两块操作面板组成。

1. CRT/MDI 面板

如图13-5所示,CRT/MDI面板有一个$9'$CRT显示器和一个MDI键盘组成,CRT/MDI面板各键功能说明见表13-1所示。

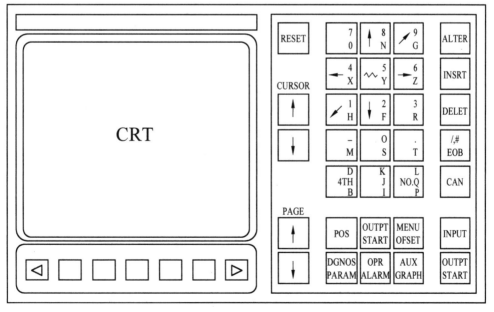

图13-5 CRT/MDI面板

表 13-1   CRT/MDI 面板各键功能说明

键	名称	功能说明
RESET	复位键	按下此键,复位 CNC 系统。它包括取消报警、主轴故障复位、中途退出自动操作循环和输入、输出过程等
OUTPT START	输出启动键	按下此键,CNC 开始输出内存中的参数或程序到外部设备
	地址和数字键	按下这些键,输入字母、数字和其他字符
INPUT	输入键	除程序编辑方式以外的情况,当面板上按下一个字母或数字键以后,必须按下此键才能到 CNC 内。另外,与外部设备通信时,按下此键,才能启动输入设备,开始输入数据到 CNC 内
CAN	取消键	按下此键,删除上一个输入的字符
CURSOR	光标移动键	用于在 CRT 页面上,一步步移动光标 ↑:向前移动光标 ↓:向后移动光标
PAGE	页面变换键	用于 CRT 屏幕选择不同的页面 ↑:向前变换页面 ↓:向后变换页面
POS	位置显示键	在 CRT 上显示机床现在的位置
PRGRM	程序键	在编辑方式,编辑和显示在内存中的程序 在 MDI 方式,输入和显示 MDI 数据
MENU OFSET		刀具偏置数值和宏程序变量的显示的设定
DGNOS PRARM	自诊断的参数键	设定和显示参数表及自诊断表的内容
OPRALARM	报警号显示键	按此键显示报警号
AUXGRAPH	图像	图像显示功能

2. 下操作面板

下操作面板示意图如图 13-6 所示,面板上各按钮、旋钮、指示灯的功用说明见表 13-2 所示。

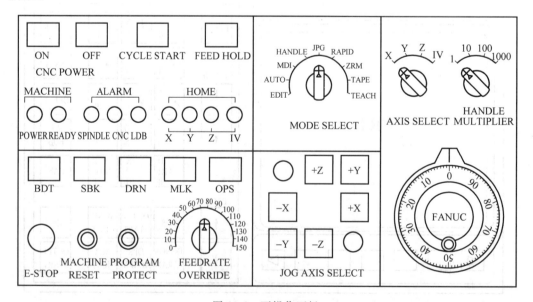

图 13-6   下操作面板

表 13-2 下操作面板各开关功能说明

开 关	名 称	功 能 说 明
CNC POWER	CNC 电源按钮	按下 ON 接通 CNC 电源,按下 OFF 断开 CNC 电源
CYCLE START	循环启动按钮(带灯)	在自动操作方式下,选择要执行的程序后,按下此按钮,自动操作开始执行。在自动循环操作期间,按钮内的灯亮。在 MDI 方式下,数据输入完毕后,按下此按钮,执行 MDI 指令
FEED HOLD	进给保持按钮(带灯)	机床在自动循环期间,按下此按钮,机床立即减速、停止,按钮内灯亮
MODE SELECT	方式选择按钮开关	EDIT:编辑方式 AUTO:自动方式 MDI:手动数据输入方式 HANDLE:手摇脉冲发生器操作方式 JOG:点动进给方式 RAPID:手动快速进给方式 ZRM:手动返回机床参考点方式 TAPE:纸带工作方式 TEACH:手脉示教方式
BDT	程序段跳步功能按钮(带灯)	在自动操作方式下,按下此按钮灯亮时,程序中有"/"符号的程序将不执行
SBK	单段执行程序按钮(带灯)	按此按钮灯亮时,CNC 处于单段运行状态。在自动方式下,每按一下 CYCLE START 按钮,只执行一个程序段
DRN	空运行按钮(带灯)	在自动方式或 MDI 方式下,按此按钮灯亮时,机床执行空运行方式
MLK	机床锁定按钮(带灯)	在自动方式、MDI 方式或手动方式下,按下此按钮灯亮时,伺服系统将不进给(如原来已进给,则伺服进给将立即减速、停止),但位置显示仍将更新(脉冲分配仍继续),M、S、T 功能仍有效地输出
E-STOP	急停按钮	当出现紧急情况时,按下此按钮,伺服进给及主轴运转立即停止工作
MACHINE RESET	机床复位按钮	当机床刚通电,急停按钮释放后,需按下此按钮,进行强电复位。另外,当 X、Y、Z 碰到硬件限位开关时,强行按住此按钮,手动操作机床,直至退出限位开关(此时务必小心选择正确的运动方向,以免损坏机械部件)
PROGRAM PROTECT	开关(带锁)	需要进给程序存储、编辑或修改、自诊断页面参数时,需用钥匙接通此开关(钥匙右旋)
FEEDRATE OVERRIDE	进给速率修调开关(旋钮)	当用 F 指令按一定速度进给时,从 0%～150%修调进给率;当用手动 JOG 进给时,选择 JOG 进给速率
JOG AXIS SELECT		用手动 JOG 方式时,选择手动进给轴和方向。务必注意:各轴箭头指向是表示刀具运动方向(而不是工作台)
MANUAL PULSE GENERATOR	手摇脉冲发生器	当工作方式为手脉 HANDLE 或手脉示教 TEACH. H 方式时,转动手脉可以正方向或负方向进给各轴

续表

开　关	名　称	功用说明
AXIS SELECT	手脉进给轴选择开关	用手选择手脉进给的轴
HANDLE MULTIPLIER	手脉倍率开关	用手选择手脉进给时的最小脉冲量
MACHINE POWER READY	POWER 电源指示灯	主电源开关合上后,灯亮
	READY 准备好指示灯	当机床复位按钮被按下后机床无故障时,灯亮
ALARM SPINDLE CNC LUBE	SPINDLE	主轴报警指示
	CNC	CNC 报警指示
	LUBE	润滑泵液面低报警指示
HOME X Y Z IV		分别指示各轴回零结束

3. 右操作面板

右操作面板示意图如图 13-7 所示,面板上各开关功用说明见表 13-3 所示。

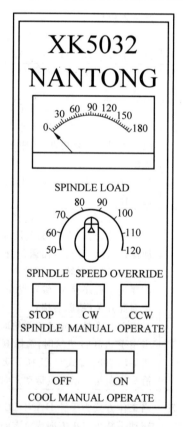

图 13-7　右操作面板

表 13-3　右操作面板各开关功用说明

开　关	名　称	功　用　说　明
SPINDLE LOAD	主轴负载表	表示主轴的工作负数
SPINDLE SPEED OVERRIDE	主轴转速修调开关	在自动或手动时,从 50%～120%修调主轴转速
STOP CW CCW SPINDLE MANUAL OPERATE	主轴手动操作按钮	在机床处于手动方式(JOG、HANDLE、TFACH、H、RAPID)时,可启、停主轴 CW:手动主轴正转(带灯) CCW:手动主轴反转(带灯) STOP:手动主轴停止(带灯)
COOL MANUAL OPERATE	手动冷却操作按钮	在任何工作方式下都可以操作 ON:手动冷却启动(带灯) OFF:手动冷却停止(带灯)

4. 手动操作

手动操作的方法见表 13-4 所示。

表 13-4　手动操作的方法

项　目	MODE SELSCT 方式选择开关	选择、修调开关	操作说明	备　注
手动参考点返回	ZRM		按下 JOG AXIS SELECT 的+X 或+Y 或+Z 键选择一个轴	
手动连续进给	JOG	FEEDRATE OVERRIDE 选择点动速度	按下 JOG AXIS SELECT 中键+X 或－X 或+Y 或－Y 或+Z 或－Z	每次只能选择一个轴
	RAPID			
手摇脉搏发生器手动进给	HANDLE	由 AXIS SELECT 选择欲进给轴 X、Y 或 Z 由 HANDLE MULTIPLIET 调节脉搏当量	旋转 MANUAL PULSE GENERATOR	
主轴手动操作	JOG RAPID HANDLE TEACH. H	调节 SPINDLE SPEED OVERRIDE	按 下 SPINDLE MANUAL OPERATE 中的键 CW 或 CCW 或 STOP	每次开机后,在 MDI 页面输入一次 S。以后直接手动
冷却泵启/停	任何方式		按下 COOL MANUAL OPERATE 中的键 ON 或 OFF	

5. 自动操作

自动操作的方法见表 13-5 所示。

表 13-5 自动操作的方法

项 目	PROGRAM PROTECT	MODE SELECT 方式选择开关	功能键	操作说明
内存操作		AUTO	PRGRM	输入程序号→CURSOR ↓ →CYCLE START
MDI 操作	右旋	MDI	PRGRM	软键 NEXT→输入坐标字→INPUT→CYCLE START

6. 加工程序的输入和编辑

加工程序的输入和编辑方法见表 13-6 所示。

表 13-6 加工程序的输入和编辑方法

类 别	项 目	PROGRAM PROTECT	MODE SELECT	功能键	操作说明
将纸带上的程序输入内存	单一程序输入,程序号不变		EDIT 或 AUTO		INPUT
	单一程序输入,程序号变				输入程序号→INPUT
	多个程序输入				INPUT 或输入程序号→INPUT
MDI 键盘输入程序			EDIT		输入程序号→INSRT→输入字→INSRT→段结束输入EOB→INSRT
检索	程序号检索	右旋	EDIT 或 AUTO	PRGRM	输入程序号→按 CURSOR↓键或输入地址 O →按 CURSOR↓键
	程序段检索				程序号检索→输入段号→按 CURSOR↓键或输入 N→按 CURSOR↓键
	指令字或地址检索				程序号检索→程序段检索→输入指令或地址→按 CURSOR↓键
编辑	扫描程序		EDIT		程序号检索→程序段检索→按 CURSOR↓键或 PAGE↓键扫描程序
	插入一个程序				检索插入位置前一个字→输入指令字→INSRT
	修改一个字				检索要修改的字→输入指令字→ALTER
	删除一个字				检索要删除的字→DELET
	删除一个程序段				检索要删除的程序段号→DELET
	删除一个程序				检索要删除的程序号→DELET
	删除全部程序				输入 0～9999→DELET

任务 4　工件的装夹与找正

1. 百分表的使用方法及工作原理

（1）百分表的工作原理

① 将测杆的直线移动经过齿轮传动放大转变为指针的转动。

② 测量杆移动 1mm 指针回转一圈，百分表的表盘上沿圆周有 100 等分格，其刻度值为 1/100 mm，读数为 0.01mm。

（2）百分表使用方法

① 测量前，检查表盘和指针有无松动现象，检查指针的平稳和稳定性。

② 测量时，测量杆应垂直零件表面，测量头在被测量表面接触时，测量杆就先有 0.3～1mm 的压缩量。

③ 百分表刻度范围为 0～10mm。

2. 虎钳装夹工件步骤

① 先清洁好虎钳与工作台，使钳口与 Z 轴垂直并与 X、Y 进给方向一致，安装在工作台时须用百分表校正。

② 装夹时须将基准面紧贴钳口（固定）或导轨面上。

③ 应使余量尾高出钳口。

④ 工件紧靠平行垫上时，应使用铜锤或木槌轻敲工件，以用手不能轻易推动垫铁为易。

⑤ 虎钳放置工作台并夹紧时，要进行校正→紧固→校正→紧固。

3. 压板使用方法

① 螺栓尽量靠近工件（可以增加夹紧力）。

② 垫铁的高度适当（防止压板与工件接触不良）（当要求较高时可以在其上垫软介质）。

③ 工件受压不能悬空。

4. 百分表找正步骤

① 用压板将工件装夹在工件台上，螺母不要旋太紧。

② 将磁力表座吸到主轴上。

③ 装好百分表，将测量杆垂直要找正的表面，并留有 0.3～1mm 的压缩量。

④ 使用手轮方式移动工作台，观察指针的变化找出最高点和最低点，用铜锤轻敲工件，一直达到公差允许范围之内。

⑤ 找正后，旋紧螺母。再用百分表检正，如果有发生变化再次重复步骤 4 一直到工件被夹紧并校正为止。

5. 装夹基本工艺要求

① 夹紧力不应破坏工件定位时所在位置。

② 夹紧力的大小应保证加工过程中位置不发生变化。

③ 夹紧力所产生的工件变化和表面损伤不应超过允许范围。

④ 易于排屑和清理。

⑤ 与刀具不干涉。

6. 常用夹具与装夹形式

(1) 常用夹具

① 专用夹具：根据工件某一工序的具体情况而专门设计制造。

② 通用夹具：三爪卡盘、虎钳、压板。

③ 可调夹具：使用时需稍加调整或更换部件、零件。

(2) 装夹形式

① 手动；② 气动；③ 液压；④ 电动；⑤ 磁力（没有夹具工装）。

7. 注意事项

① 应当满足工件的定位要求和夹紧力要求，既要保证工件能承受较大的切削力，又要保证工件变形最小，并且要求刀具运动留有足够的空间。

② 装夹工件和校正工件时，要尽量远离主轴和刀具，以避免在装夹工件和校正工件时出现手部损伤。

任务 5 装卸刀具及手动推平面

1. 装卸刀的步骤及技术要求

(1) 装刀的步骤

① 找出与要装夹铣床同规格的弹簧夹头。

② 把弹簧夹头装入（垂直压入）锁紧螺母。

③ 把铣刀装入弹簧夹头。

④ 两脚呈前后脚姿势站立。

⑤ 左手拿大勾扳手勾住主轴的凸头处，右手拿小勾扳手勾住锁紧螺母的凹槽，平稳用力直至刀具夹紧。

(2) 装刀的技术要求

① 装卸刀的关键技术：刀夹头锁紧螺母顺时针旋转为松，逆时针旋转为紧。

② 铣刀装夹长度取决于被加工工件的加工深度：前者大于后者。

③ 装刀时的夹紧以感觉紧即可，勿用蛮力夹紧。

(3) 卸刀

卸刀时与装刀顺序相反（只是步骤 5 需要松开两次）。

(4) 卸刀技术要求

卸刀时用力要稳，勿突然用力，以免撞到主轴上。

2. 手动推平面步骤

(1) 使用机床操作方式：手轮或手动方式。

(2) 把毛坯装夹在虎钳上。

（3）清除掉工作台上的杂物。

（4）手动推出一个基准面。

① 开始对刀,先以毛坯最高点对刀,要注意对刀时要按要求从大到小调节手轮移动量,用切痕法对刀。

② 对好刀后,把 Z 的深度设定为零(按 Z 键再按 CAN 键)。

③ 调整要铣削的深度($h \leqslant 5\text{mm}$)。

④ 从毛坯外从左至右(或从右至左),摇动手轮实现加工工作。

⑤ 利用这个基准面,配合角尺及虎钳底部,推出符合尺寸和垂直要求的毛坯来。

具体做法如下。

Ⅰ. 把铣好的平面放于虎钳底部。

Ⅱ. 铣削与第一平面对应的平面。

Ⅲ. 然后把第一铣削平面装夹在固定钳口的一端,并用精密角尺或百分表校正垂直度。

Ⅳ. 按步骤 3 把剩余平面铣削完成。

3. 技术要求

① 推成 50mm×50mm 的尺寸。

② 毛坯的四个边要求互相垂直。

③ 摇动手轮时,速度要均匀,不能超过 5s/r。

④ 关键要点:始终以第一个铣好的平面作基准面。

⑤ 注意保证已铣好的平面应与虎钳底部保持紧密接触。

任务6　对刀及坐标系设定

1. 数控铣床对刀操作

① 设置工件坐标系零点。

② 刀具接触工件左侧,记录坐标 X 值。

③ 刀具接触工件前侧,记录坐标 Y 值。

2. 设置工件坐标系零点

在数控铣床操作中有机内对刀和机外对刀两种对刀方法。所谓机内对刀是直接通过刀具确定工件坐标系,机外对刀则需要使用对刀的仪器,测量刀具的回转半径和刀尖相对基准面的高度。

3. 设置工件坐标系零点

设置工件坐标系零点的示意图如图 13-8 所示。

（1）对刀操作

设置数控铣床手动主功能状态。

刀具位于工件左侧,轻微接触工件左侧,记录 X 坐标值。

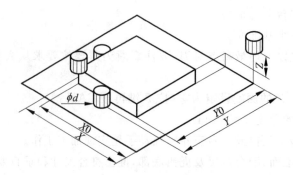

图 13-8　设置工件坐标系零点

刀具位于工件前侧,轻微接触工件前侧,记录 Y 坐标值。

刀具位于工件上面,轻微接触工件上表面,记录 Z 坐标值。

（2）工件坐标系原点坐标计算

$$X0 = -(|X| - d/2);$$
$$Y0 = -(|Y| - d/2);$$
$$Z0 = Z;$$

（3）设定工件坐标系

移动刀具至 $X0$、$Y0$、$Z0$ 坐标位置,此时刀位点与工件坐标系零点重合,设 $X0$、$Y0$、$Z0$ 坐标值为零,在数控系统内部建立了以刀位点为原点的工件坐标系。

4. 对刀仪对刀法

如图 13-9 所示,测定每把刀的刀尖至主轴轴线的半径值和刀尖至基准面的刀尖高度,并推算各把刀刀尖高度与标准刀具刀尖高度的差值,把这些刀具参数输入数控系统后,通过刀具的补偿指令,数控机床可自动实现刀具的半径补偿和刀具的长度补偿。

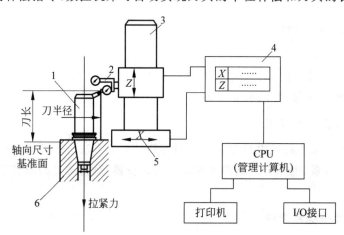

图 13-9　对刀仪对刀法

1—被测刀具；2—侧头；3—立柱；4—坐标显示；5—滑板；6—刀杆定位套

5. 刀具偏置

如果 NC 程序使用刀具半径补偿指令，在运行此程序之前必须通过刀具偏置的方法设定刀具半径补偿值，还可以通过刀具偏置的方法调整刀具半径的补偿量。刀具偏置有绝对值方式和增量值方式两种输入方法，采用哪一种输入方式是由机床的内定参数设定的。

（1）绝对值方式输入刀具偏置量

输入刀具偏置量的方法，按下刀具偏置功能键 MENU OFFSET，在 CRT 上显示刀具偏置页面，如图 13-10(a)所示，按 PAGE↓键可以调整显示页面。

① 选定刀具偏置号。选定刀具偏置号的方法，按 CURSOR↓或↑光标键，移动光标至要找的刀具偏置号处，如果连续按光标按钮，光标在屏幕上顺序移动，直至找到需要的刀具偏置号（如果移动光标超出这一页面，将进入下一页面）。

② 输入刀具偏置值（带小数点也可以）。按 INPUT 键，输入刀具偏置值，如图 13-10(b)所示，刀具偏置号为 25，输入刀具偏置值为 15.4mm。

OFFSET			O2000 N2000
NO.	DATE	NO.	DATA
017	0.000	025	15.400
018	0.000	026	0.000
019	0.000	027	0.000
020	0.000	028	0.000
021	0.000	029	0.000
022	0.000	030	0.000
023	0.000	031	0.000
024	0.000	032	0.000

ACTUAL POSITION (RELATIVE)

X 0.000　　　Y 0.000

Z 0.000

NO. 025=

MDI

OFFSET MACRO

(a) 刀具偏置表页面

OFFSET			O2000 N2000
NO.	DATE	NO.	DATA
001	10.000	009	0.000
002	−1.000	010	10.000
003	0.000	011	−20.000
004	0.000	012	0.000
005	20.000	013	0.000
006	0.000	014	0.000
007	0.000	015	0.000
008	0.000	016	0.000

ACTUAL POSITION (RELATIVE)

X 0.000　　　Y 0.000

Z 0.000

NO. 001=

MDI

OFFSET MACRO

(b) 刀具偏置输入示意

图 13-10　刀具偏置

（2）增量值方式输入刀具偏置量

增量值方式输入刀具偏置量是指输入刀具偏置量的减少量或增加量。

例如：

当前刀具偏置量为 5.678mm；

输入刀具偏置量（增量值）为 1.5mm；

屏幕显示刀具偏置量为 7.178(5.678＋1.5)mm；

增量值方式输入刀具偏置量的方法与绝对值方式输入刀具偏置量的方法基本相同，但存储的刀具偏置量为原来刀具偏置量与输入刀具偏置量增量的代数和。

（3）注意

本机床输入刀具偏置量的方式为增量方式输入刀具偏置量。

在自动运行期间，当刀具偏置量被修改时，新的刀具偏置量不是立刻有效，只有程序再次出现 H 代码时，并且 H 代码指定的刀具偏置号与表内修改的刀具偏置号相符合时才有效。

任务 7　机床操作训练

（1）槽形零件。如图 13-11 所示的槽形零件，其毛坯为四周已加工的 45 ♯ 钢（厚为 20mm），槽宽 4mm，槽深 3mm，编写该槽形零件加工程序并对该零件加工。其参考工艺及加工清单如表 13-7 所示。

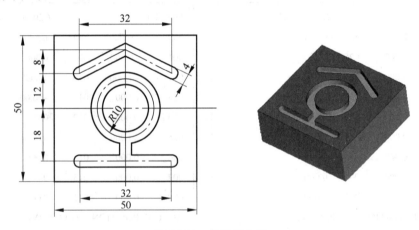

图 13-11　槽形零件图

表 13-7　参考工艺及加工清单（槽形零件）

材料：45♯钢		刀 具 信 息			切 削 用 量		
序号	工序内容	刀号	刀具类型	直径 /(mm)	主轴转速 /(r/min)	进给率 /(mm/min)	切削深度 /(mm)
1	铣平面	1	φ20 平刀	φ20	2000	800	0.6
2	铣沟槽	2	φ4 键槽刀	φ4	3000	40	3

（2）凸轮槽形零件 1。如图 13-12 所示的凸轮槽零件，其毛坯为四周已加工的铝锭（厚为 20mm），槽宽 4mm，槽深 3mm，试编写该凸轮槽零件加工程序。其参考工艺及加工清单如表 13-8 所示。

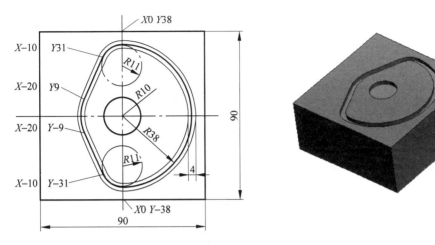

图 13-12　凸轮槽零件 1 图

表 13-8　参考工艺及加工清单(凸轮槽形零件 1)

材料：45♯钢		刀 具 信 息			切 削 用 量		
序号	工序内容	刀号	刀具类型	直径 /(mm)	主轴转速 /(r/min)	进给率 /(mm/min)	切削深度 /(mm)
1	铣平面	1	$\phi20$ 平刀	$\phi20$	2000	800	0.6
2	铣凸轮槽	2	$\phi4$ 键槽刀	$\phi4$	3000	45	2
3	铣内圆槽	3	$\phi8$ 键槽刀	$\phi8$	2200	120	2

　　(3)凸轮槽零件2。如图 13-13 所示某平面凸轮槽,槽宽为 12mm,槽深为 15mm。如果使用普通机床加工,不仅效率低,而且很难保证其加工精度。使用数控加工中心进行加工可以快速地完成此凸轮的加工。其参考工艺及加工清单如表 13-9 所示。

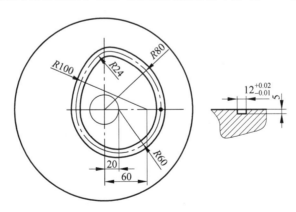

图 13-13　凸轮槽零件 2 图

表 13-9　参考工艺及加工清单（凸轮槽零件 2）

材料：45#钢		刀 具 信 息			切 削 用 量		
序号	工序内容	刀号	刀具类型	直径/(mm)	主轴转速/(r/min)	进给率/(mm/min)	切削深度/(mm)
1	铣平面	1	φ20 平刀	φ20	2000	800	0.6
2	铣凸轮槽	2	φ12 键槽刀	φ12	1500	80	5

　　（4）凸轮槽零件 3。以图 13-14 所示零件为例，介绍 MTS 软件在数控铣床编程中的应用。该零件由 AB、BC、CD、EF、FA 五条圆弧和 DE 一条直线组成一条封闭曲线，如果以图示中心线的交点表示工件坐标系 X 与 Y 轴的原点，那么根据图 13-15 可以推算出封闭曲线 A、B、C、D、E、F 六个节点的坐标。加工封闭曲线的槽宽 10mm，槽深 6mm。其参考工艺及加工清单如表 13-10 所示。

表 13-10　参考工艺及加工清单（凸轮槽零件 3）

材料：45#钢		刀 具 信 息			切 削 用 量		
序号	工序内容	刀号	刀具类型	直径/(mm)	主轴转速/(r/min)	进给率/(mm/min)	切削深度/(mm)
1	铣平面	1	φ20 平刀	φ20	2000	800	0.6
2	铣凸轮槽	2	φ10 键槽刀	φ10	2000	60	6

　　如果节点计算有困难，则可以参考图 13-15。

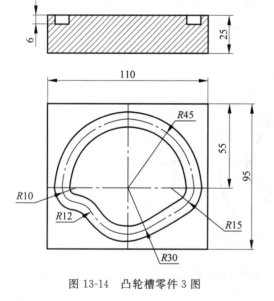

图 13-14　凸轮槽零件 3 图

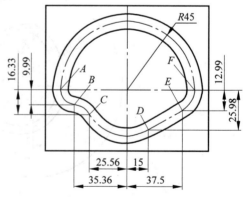

图 13-15　节点的坐标

内外轮廓零件加工

项目知识
刀具半径补偿（G40、G41、G42）的应用。
技能目标
通过刀具半径偏置，解决内、外轮廓的零件加工。

任务1 项目分析

图 14-1 所示为外轮廓类零件，工件材料为 45♯钢，深度为 5mm，上平面与外轮廓侧面要求垂直，其余部分按照尺寸完成加工。对图 14-1 进行分析得出以下结果。

① 上平面与侧面有垂直度要求，故先铣平面。

② 外轮廓有精度要求，需要引入刀具半径补偿功能，铣外轮廓。

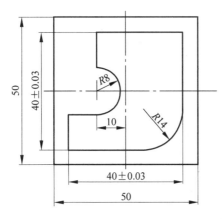

图 14-1 外轮廓类零件图

◆ 知识链接

1. 刀具半径补偿基本概念

数控系统的刀具半径补偿就是将计算刀具中心轨迹的过程交给 CNC 系统执行,编程员假设刀具的半径为零,直接根据零件的轮廓形状进行编程,而实际的刀具半径则存放在一个可编程刀具半径偏置寄存器中,在加工过程中,CNC 系统根据零件程序和刀具半径自动计算刀具中心轨迹,完成对零件的加工。

如果没有刀具半径补偿,编程时只能按刀心轨迹进行编程,即在编程时给出刀具的中心轨迹,其计算相当复杂,尤其当刀具磨损、重磨或换新刀使刀具直径变化时,必须重新计算刀心轨迹,修改程序,这样既烦琐又不易保证加工精度。当数控系统具备刀具半径补偿功能时,数控编程只需按工件轮廓进行,数控系统会自动计算刀心轨迹,使刀具偏离工件轮廓一个半径值,即进行刀具半径补偿。

2. 刀具半径补偿的建立与取消

刀具半径补偿的形式如图 14-2 所示。

(1) 左补偿: 沿着刀具的运动方向看刀具在工件的左侧

指令格式:

$$G41\ D\#\begin{Bmatrix}G00\\G01\end{Bmatrix}X\_Y\_Z\_;\text{(建立刀具半径左补偿,}D\text{ 为偏置量寄存器号)}$$

$$\vdots$$

$$G40\begin{Bmatrix}G00\\G01\end{Bmatrix}X\_Y\_Z\_;\text{(取消半径补偿)}$$

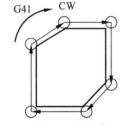

(a) G41-顺时针方向外轮廓铣削

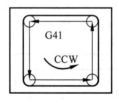

(b) G41-逆时针方向内轮廓铣削

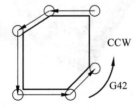

(c) G42-逆时针方向外轮廓铣削

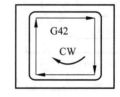

(d) G42-顺时针方向内轮廓铣削

图 14-2　内外轮廓的半径补偿

（2）右补偿：沿着刀具的运动方向看刀具在工件的右侧

指令格式：

$$G42\ D\# \begin{Bmatrix} G00 \\ G01 \end{Bmatrix} X\_Y\_Z\_;\quad（建立刀具半径右补偿，D\ 为偏置量寄存器号）$$

$$\vdots$$

$$G40 \begin{Bmatrix} G00 \\ G01 \end{Bmatrix} X\_Y\_Z\_;\quad（取消半径补偿）$$

（3）取消刀具半径补偿

G40，使用该指令时，G41、G42 指令无效。G40 必须和 G41 或 G42 成对使用。

任务2　程序编制

1. 铣平面（同前面）

2. 铣外轮廓

编程原点确定在该零件的上表面中心处，工件材料为 45♯钢。在选用刀具时要注意，刀具半径不能大于图中所给的尺寸中最小曲率半径，否则无法切出轮廓，所以选择刀具直径不能大于 ϕ16mm。各切削参数选用如下：选用 ϕ14mm 平刀；主轴转速 $S=$ 2000r/min；进给率 $F=300$mm/min；切削深度 $Z=5$mm。走刀路线 $A{\rightarrow}B{\rightarrow}C{\rightarrow}D{\rightarrow}E{\rightarrow}$ $F{\rightarrow}G{\rightarrow}H{\rightarrow}I{\rightarrow}J{\rightarrow}A$，如图 14-3 所示。

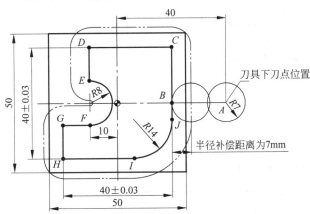

图 14-3　铣外轮廓走刀路线

参考程序如下。

O0001；	（程序名）
G21 G17 G40 G49 G80；	（初始化，可以省略，加上安全些）
G54 G90 G00 Z150.0；	（建立工件坐标系，刀具提高至 150mm）
T01 M06；	（调用 1 号刀，铣床可以省略）
M03 S2000；	（主轴正转，转速 S 为 2000r/min）
G00 X40.0 Y0；	（刀具从某个位置瞄准下刀点 A，准备下刀）
Z10.0；	（快速下刀）
G01 Z−5.0 F100；	（切削进给下刀，深度为−5mm）
G42 D01 G01 X20.0 F300；	（从 $A{\rightarrow}B$ 直线切削，同时建立刀具半径补偿，进给率 $F=300$mm/min）

Y20.0;	(从 *B*→*C* 直线切削)
X−10.0;	(从 *C*→*D* 直线切削)
Y8.0;	(从 *D*→*E* 直线切削)
G02 X−10.0 Y−8.0 R8.0；	(从 *E*→*F* 顺时针圆弧切削)
G01 X−20.0;	(从 *F*→*G* 直线切削)
Y−20.0;	(从 *G*→*H* 直线切削)
X6.0;	(从 *H*→*I* 直线切削)
G03 X20.0 Y−6.0 R14.0；	(从 *I*→*J* 逆时针圆弧切削)
G01 Y0;	(从 *J*→*B* 直线切削)
G40 X40.0;	(从 *B*→*A* 直线切削,同时取消刀具半径补偿)
G00 Z150.0;	(快速提刀)
M05;	(主轴停止)
M30;	(程序结束)

任务 3　机床操作训练

（1）图 14-4 所示为内外轮廓零件 1,材料为 45♯钢,请用刀具半径补偿指令编程及加工。

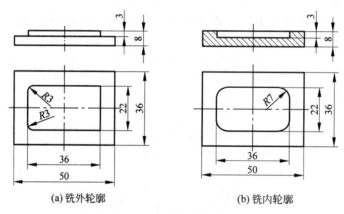

(a) 铣外轮廓　　　　　　(b) 铣内轮廓

图 14-4　内外轮廓零件 1

（2）图 14-5 所示为内外轮廓零件 2,工件材料为 45♯钢,深度为 4mm,上平面与外轮廓侧面要求垂直,其余部分按照尺寸完成编程及加工。

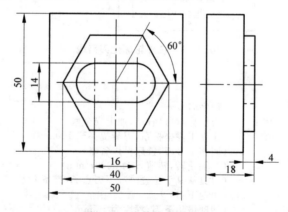

图 14-5　内外轮廓零件 2

（3）图 14-6 所示为方圆槽，工件材料为 45♯钢，深度为 3mm，上平面与外轮廓侧面要求垂直，内外轮廓要求利用刀具半径补偿功能，其余部分按照尺寸完成编程及加工。

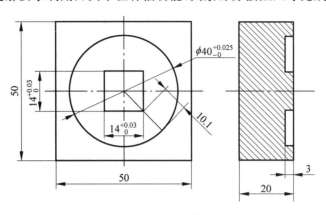

图 14-6　方圆槽

深轮廓零件加工

项目知识
调用子程序指令（M98、M99）的应用。
技能目标
解决较深的内腔及外形轮廓零件的加工。

任务1　项目分析

图 15-1 所示为外轮廓类零件，工件材料为 45♯钢，加工深度为 12mm，上平面与外轮廓侧面要求垂直，其余部分按照尺寸完成加工。对图进行分析得出以下结论。

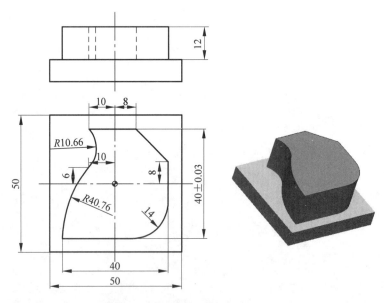

图 15-1　深外轮廓类零件

① 上平面与侧面有垂直度要求,故先铣平面。

② 外轮廓有精度要求,需要引入刀具半径补偿功能,铣外轮廓。但加工外轮廓深度较深,不能一次加工完成,需要进行分层铣削。按照总深度12mm可分为两次铣削,这两次走刀的路径是一致的,这样可以将此路径作为子程序形式单独编程。

◆ 知识链接

1. 子程序的概念

在一个加工程序中,如果其中有些加工内容完全相同或相似,为了简化程序,可以把这些重复的程序段单独列出,并按一定的格式编写成子程序。主程序在执行过程中如果需要某一子程序,通过调用指令来调用该子程序,子程序执行完后又返回到主程序,继续执行后面的程序段。

(1)子程序的嵌套

为了进一步简化程序,可以让子程序调用另一个子程序,这种程序的结构称为子程序嵌套。在编程中使用较多的是二重嵌套,其程序的执行情况如图15-2所示。

(2)子程序的应用

① 零件上若干处具有相同的轮廓形状,在这种情况下,只要编写一个加工该轮廓形状的子程序,然后用主程序多次调用该子程序的方法完成对工件的加工。

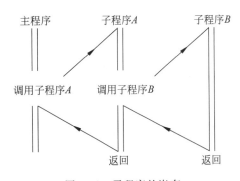

图 15-2 子程序的嵌套

② 加工中反复出现具有相同轨迹的走刀路线,如果相同轨迹的走刀路线出现在某个加工区域或在这个区域的各个层面上,采用子程序编写加工程序比较方便,在程序中常用增量值来确定切入深度。

③ 在加工较复杂的零件时,往往包含许多独立的工序,有时工序之间需要作适当的调整,为了优化加工程序,把每一个独立的工序编成一个子程序,这样形成了模块式的程序结构,便于对加工顺序的调整,这样主程序中只有换刀和调用子程序等指令。

2. 调用子程序 M98 指令

指令格式:M98 P_L_;

指令功能:调用子程序。

指令说明:P_为要调用的子程序号。L_为重复调用子程序的次数,若只调用一次子程序可省略不写,系统允许重复调用次数为1～9999次。

3. 子程序结束 M99 指令

指令格式:M99

指令功能:子程序运行结束,返回主程序。

指令说明:

① 执行到子程序结束 M99 指令后,返回至主程序,继续执行 M98 P_L_;程序段下面的主程序。

② 若子程序结束指令用 M99 P_格式时,表示执行完子程序后,返回到主程序中由 P_指定的程序段。

③ 若在主程序中插入 M99 程序段,则执行完该指令后返回到主程序的起点。

④ 若在主程序中插入/M99 程序段,当程序跳步选择开关为"OFF"时,则返回到主程序的起点;当程序跳步选择开关为"ON"时,则跳过/M99 程序段,执行其下面的程序段。

⑤ 若在主程序中插入/M99 P_程序段,当程序跳步选择开关为"OFF"时,则返回到主程序中由 P_指定的程序段;当程序跳步选择开关为"ON"时,则跳过该程序段,执行其下面的程序段。

4. 子程序的格式

O××××；

⋮

M99；

格式说明：其中 O×××× 为子程序名称；M99 为子程序结束并返回至主程序 M98 调用时的下一步。

任务 2   程 序 编 制

1. 铣平面(同前面)

2. 铣外轮廓

编程原点确定在该零件的上表面中心处,工件材料为 45♯钢。在选用刀具时要注意,刀具半径不能大于图中所给的尺寸中最小曲率半径,否则无法切出轮廓,所以刀具直径不能大于 ϕ20mm。各切削参数选用如下：选用 ϕ16mm 平刀；主轴转速 $S=1800$r/min；进给率 $F=300$mm/min；切削深度 $Z=12$mm。走刀路线为 $P\rightarrow A\rightarrow B\rightarrow C\rightarrow D\rightarrow E\rightarrow F\rightarrow G\rightarrow H\rightarrow A\rightarrow P$,如图 15-3 所示。

参考程序如下。

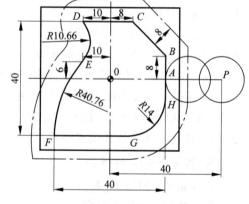

图 15-3   铣外轮廓走刀路线

O0001；	(主程序名)
G21 G17 G40 G49 G80；	(初始化,可以省略,加上更安全)
G54 G90 G00 Z150.0；	(建立工件坐标系,刀具提高至 150mm)
T01 M06；	(调用 1 号刀,铣床可以省略)
M03 S1800；	(主轴正转,转速 S 为 1800r/min)
G00 X40.0 Y0；	(刀具从某个位置瞄准下刀点 P,准备下刀)
Z10.0；	(快速下刀)
G01 Z−6.0 F100；	(切削进给下刀,深度为−6mm)
M98 P0002；	(第 1 次调用子程序)
G01 Z−12.0 F100；	(下刀至第 2 层轮廓深度)

M98 P0002;	(第 1 次调用子程序)
G00 Z150.0;	(快速提刀)
M05;	(主轴停止)
M30;	(程序结束)
O0002;	(子程序名)
G42 D01 G01 X20.0 F300;	(从 $P \rightarrow A$ 直线切削,同时建立刀具半径补偿,进给率 $F=300$mm/min)
Y8.0;	(从 $A \rightarrow B$ 直线切削)
X8.0 Y20.0;	(从 $B \rightarrow C$ 斜线切削)
X-10.0;	(从 $C \rightarrow D$ 直线切削)
G02 X-10.0 Y6.0 R10.66;	(从 $D \rightarrow E$ 顺时针圆弧切削)
G03 X-20.0 Y-20.0 R40.76;	(从 $E \rightarrow F$ 逆时针圆弧切削)
G01 X6.0;	(从 $F \rightarrow G$ 直线切削)
G03 X20.0 Y-6 R14.0	(从 $G \rightarrow H$ 逆时针圆弧切削)
G01 Y0.0;	(从 $H \rightarrow A$ 直线切削)
G40 X40.0;	(从 $A \rightarrow P$ 直线切削,同时取消刀具半径补偿)
M99;	(子程序返回)

任务3 机床操作训练

如图 15-4 所示的深腔体零件,其毛坯四周均已加工,材料为 45♯钢(厚为 20mm),内腔轮廓按图要求加工,腔体深度为 12mm。编写该深腔体零件加工程序和对该零件进行加工。其参考工艺及加工清单如表 15-1 所示。

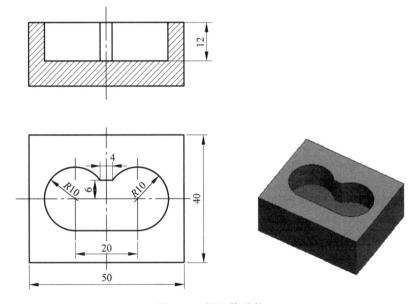

图 15-4 深腔体零件

表 15-1　参考工艺及加工清单（深腔体零件）

材料：45♯钢		刀 具 信 息			切 削 用 量		
序号	工序内容	刀号	刀具类型	直径/(mm)	主轴转速/(r/min)	进给率/(mm/min)	切削深度/(mm)
1	铣平面	1	φ20 平刀	φ20	2000	800	0.6
2	铣内腔	2	φ14 键槽刀	φ14	1500	80	6

相同轮廓零件加工

项目知识

坐标系旋转功能指令(G68、G69)的应用。

技能目标

解决轮廓相对某一基点成旋转角度分布的相同加工内容的零件加工。

任务 1 项 目 分 析

图 16-1 所示为局部相同轮廓零件,工件材料为 45♯ 钢,加工总深度为 4mm,上平面与外轮廓侧面要求垂直,其余部分按照尺寸完成加工。通过图形分析得出以下结论:

① 上平面与侧面有垂直度要求,故先铣平面。

② 从图中可以看出四个凸起部分的轮廓线一致,只是角度相差 90°,故引用坐标旋转指令和子程序调用来完成加工。

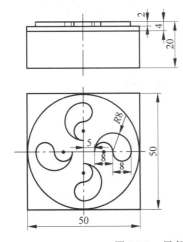

图 16-1 局部相同轮廓零件

◆ 知识链接

1. 坐标系旋转功能（G68、G69）

该指令可使编程图形按照指定旋转中心及旋转方向旋转一定的角度。如果工件的形状由许多相同的图形组成，则可以将图形单元编成子程序，然后用主程序的旋转指令调用，这样可以简化编程，省时、省存储空间。G68 表示建立坐标系旋转，G69 用于撤销旋转功能。

2. 指令格式

指令格式如下。

$$\left.\begin{array}{l}G17\\G18\\G19\end{array}\right\} G68 \left\{\begin{array}{l}X\_Y\_\\X\_Z\_\\Y\_Z\_\end{array}\right\} R\_;\qquad\text{（坐标系旋转建立）}$$

⋮   （坐标系旋转状态）

G69;   （坐标系旋转取消）

式中参数说明如下。

G17、G18、G19 为用于选择旋转平面（一般选择 G17，该面为 XY 平面）；

G68 为建立旋转；

X_Y_Z_为旋转中心绝对坐标（当 X、Y、Z 省略时，G68 指令认为当前的位置即为旋转中心）；

R_为旋转角度（单位：度，取值范围 $0° \leqslant R \leqslant 360°$；"+"表示逆时针方向加工，"−"表示顺时针方向；G90 时，R 值为绝对旋转角度；G91 时，R 值为旋转角度增量，即旋转角度在前一个角度上增加该值）；

G69 为取消坐标旋转。

3. 注意事项

① 坐标旋转激活后，所有移动指令将对旋转中心进行旋转，因此整个几何图形将旋转一个角度。旋转中心只对绝对指令有效，因此当所有指令都是增量时，实际的旋转中心将是路径的起始点。

② 在有刀具补偿的情况下，先旋转后刀补（刀具半径补偿、长度补偿）；在有缩放功能的情况下，先缩放后旋转。

③ G68、G69 为模态指令，可相互注销，G69 为缺省值。

任务 2 程序编制

零件的加工工艺及清单如表 16-1 所示。

表 16-1 工艺及加工清单（旋转零件）

材料：45#钢		刀 具 信 息			切 削 用 量		
序号	工序内容	刀号	刀具类型	直径/(mm)	主轴转速/(r/min)	进给率/(mm/min)	切削深度/(mm)
1	铣平面	1	φ20 平刀	φ20	2000	800	0.6
2	铣外轮廓	2	φ20 平刀	φ20	1200	80	4
3	铣局部相同轮廓	3	φ6 键槽刀	φ6	1200	80	2

参考程序如下。

```
O0001；                        （主程序名）
G21 G17 G40 G49 G80           （初始化,可以省略,加上安全些）
G54 G90 G00 Z150.0；          （建立工件坐标系,提高至 150mm）
T03 M06；                      （调用 3 号刀,铣床可以省略）
M03 S1200；                    （主轴正转,转速为 1200r/min）
G00 X0 Y0；                    （刀具瞄准原点,准备下刀）
Z10.0；                        （快速下刀至工件上表面 10mm）
G01 Z－2.0 F100；             （切削进给下刀,深度为 2mm）
M98 P0002；                    （第 1 次调用子程序）
G68 X0 Y0 R90.0；             （坐标系逆时针旋转 90°）
M98 P0002；                    （第 2 次调用子程序）
G68 X0 Y0 R180.0；            （坐标系逆时针旋转 180°）
M98 P0002；                    （第 3 次调用子程序）
G68 X0 Y0 R270.0；            （坐标系逆时针旋转 270°）
M98 P0002；                    （第 4 次调用子程序）
G00 Z150.0；                   （快速提刀）
M05；                          （主轴停止）
M30；                          （程序结束）

O0002；                        （子程序名）
G41 D01 G01 X5.0 F80；        （直线切削,同时建立刀具半径补偿,进给率 F＝80mm/min）
G02 X21.0 Y0 R8.0；           （顺时针圆弧切削）
G02 X13.0 Y0 R4.0；           （顺时针圆弧切削）
G03 X5.0 Y0 R4.0；            （逆时针圆弧切削）
G40 G01 X0；                   （直线切削,同时取消刀具半径补偿）
M99；                          （子程序返回）
```

任务 3 机床操作训练

(1) 如图 16-2 所示,其毛坯四周均已加工,材料为 45♯钢（厚为 20mm),轮廓按图要求进行加工,切削总深度为 5mm。请使用坐标旋转功能指令编制如图 16-2 所示轮廓的加工程序,参考工艺及加工清单如表 16-2 所示。

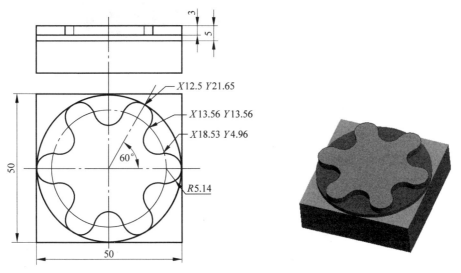

图 16-2 局部相同轮廓零件

表 16-2　参考工艺及加工清单(局部相同轮廓零件)

材料:45#钢		刀 具 信 息			切 削 用 量		
序号	工序内容	刀号	刀具类型	直径 /(mm)	主轴转速 /(r/min)	进给率 /(mm/min)	切削深度 /(mm)
1	铣平面	1	ϕ20 平刀	ϕ20	2000	800	0.6
2	铣外轮廓	2	ϕ20 平刀	ϕ20	1200	80	4
3	铣局部相同轮廓	3	ϕ8 平刀	ϕ8	2000	100	3

(2) 如图 16-3 所示花键零件图,分析图纸得出零件加工内容包括六边形的加工和六个键槽的加工,键槽宽度和长度要求尺寸公差均为±0.03mm,所以应分粗、精加工。中间部分是一个阶梯孔,无尺寸精度要求,可以不加工。毛坯尺寸为 ϕ50mm×21mm 钢棒料。

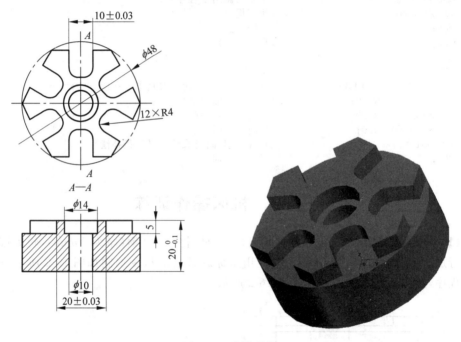

图 16-3　花键零件

相似轮廓零件加工

项目知识

比例缩放功能指令(G50、G51)的应用。

技能目标

解决多个形状相同,但尺寸成比例关系的零件加工。

任务1 项目分析

图 17-1 所示为局部轮廓形状相同、尺寸不同的零件,工件材料为 45♯钢,加工总深度为 4mm,上平面与外轮廓侧面要求垂直,其余部分按照尺寸完成加工。对图进行分析得出以下结论。

① 上平面与侧面有垂直度要求,故先铣平面。

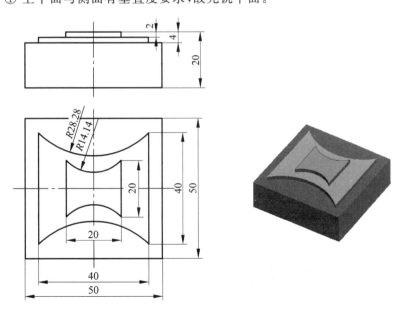

图 17-1 相似轮廓零件

② 从图中可以看出两个叠层部分的形状相似,根据图中尺寸可以得出这两个轮廓尺寸相差 0.5 倍,故引用比例缩放指令来完成加工。

◆ 知识链接

1. 比例缩放(G50、G51)

G51 指令能使切削路径通过所设定的值,任意放大和缩小。编程的形状可以被放大或缩小(比例缩放)。用 X,Y,Z 指定的尺寸均可用相同的或不同的放大倍率进行缩放,放大倍率可以在程序中指定。如果未在程序中指定,则可使用在参数中指定的放大倍率。

G51 既可指定平面缩放,也可指定空间缩放。使用 G51 指令可用一个程序加工出形状相同、尺寸不同的工件。

2. 指令格式

$$G51X\_Y\_Z\_ \begin{cases} P\_; \\ I\_J\_K\_; \end{cases} \qquad (缩放功能开始)$$

$\vdots$ (缩放功能状态)

G50;   (取消缩放功能)

式中参数说明如下。

$X、Y、Z$ 为比例中心坐标及指定比例缩放轴;

P 为比例缩放值(各轴缩放值相同时,范围为 0.001~999.999,该指令以后的移动指令,从比例中心点开始,实际移动量为原数值的 P 倍。P 值对偏移量无影响);

$I、J、K$ 为比例缩放值(在各轴比例值不同时使用)。

以给定点 (X,Y,Z) 为缩放中心,将图形放大到原始图形的 P 倍;如果省略 (X,Y,Z),则以程序原点为缩放中心。

例如,G51 P2 表示以程序原点为缩放中心,将图形放大一倍;G51 X15 Y15 P2 表示以给定点 $(15,15)$ 为缩放中心,将图形放大一倍。

3. 注意事项

① G51、G50 为模态指令,可相互注销,G50 为缺省值。

② 有刀补时,先缩放,然后进行刀具长度补偿、半径补偿。

③ 在下列固定循环中,Z 轴运动不会缩放:深孔加工循环(G83、G73)的每次钻进量 Q 和回退量;精镗循环 G76;反精镗循环 G87 中在 X 轴和 Y 轴上的让刀量 Q。

④ 在指令返回参考点(G27、G28、G29、G30)或坐标系设置(G92)的 G 代码之前,应取消缩放模式。

⑤ 如果缩放结果被四舍五入圆整后,超过了取值范围(数据上溢),忽略余数后,移动量可能变成零。此时,该程序段被当作一个无运动的程序段,因此将可能影响刀具半径 C 补偿下的刀具运动。

任务 2　程序编制

零件的参考工艺及加工清单如表 17-1 所示。

表 17-1 参考工艺及加工清单（缩放零件）

材料：45♯钢		刀 具 信 息			切 削 用 量		
序号	工序内容	刀号	刀具类型	直径/(mm)	主轴转速/(r/min)	进给率/(mm/min)	切削深度/(mm)
1	铣平面	1	∅20 平刀	∅20	2000	800	0.6
2	铣外轮廓				1500	200	4
3	铣缩放后轮廓						2

参考程序如下。

```
O0001;                          (主程序名)
G21 G17 G40 G49 G80             (初始化,可以省略,加上更安全)
G54 G90 G00 Z150.0;             (建立工件坐标系,刀具提高至150mm)
T01 M06;                        (调用1号刀,铣床可以省略)
M03 S1500;                      (主轴正转,转速为1500r/min)
G00 X60.0 Y0;                   (刀具瞄准下刀点,准备下刀)
Z10.0;                          (快速下刀至工件上表面10mm处)
G01 Z-4.0 F100;                 (切削进给下刀,深度为4mm)
M98 P0002;                      (第1次调用子程序)
G01 Z-2.0 F100;                 (深度为2mm处)
G51 X0 Y0 P 0.5;                (缩放中心为X0 Y0,缩放值0.5倍)
M98 P0002;                      (第2次调用子程序)
G50;                            (比例缩放功能取消)
G00 Z150.0;                     (快速提刀)
M05;                            (主轴停止)
M30;                            (程序结束)

O0002;                          (子程序名)
G42 D01 G01 X20.0 Y0 F200;
Y20.0;
G02 X-20.0 Y20.0 R28.28;
G01 Y-20.0;
G02 X20.0 Y-20 R28.28;
G01 Y0;
G40 G00 X60.0;
M99;
```

对称轮廓零件加工

项目知识

坐标镜像功能指令(G50.1、G51.1)的应用。

技能目标

解决形状相对于某轴或某点对称分布的零件加工。

任务1 项目分析

图 18-1 所示为局部轮廓对称零件,工件材料为 45♯钢,加工总深度为 4mm,上平面与外轮廓侧面要求垂直,其余部分按照尺寸完成加工。对图进行分析得出以下结论。

① 上平面与侧面有垂直度要求,故先铣平面。

② 从图中可以看出两个轮廓部分的形状相同,大小一致,是相对于 Y 轴成对称分布,故引用坐标对称指令来完成加工。

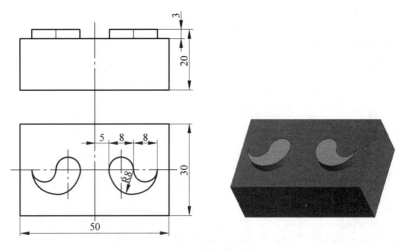

图 18-1 对称轮廓零件

◆ 知识链接

1. 坐标镜像（G50.1、G51.1）

当工件相对于某一轴具有对称形状时,可以利用镜像功能和子程序,只对工件的一部分进行编程,从而加工出工件的对称部分,这就是镜像功能,也称为对称加工编程。它是将数控加工刀具轨迹沿某坐标轴作镜像变换而形成加工轴对称零件的刀具轨迹,对称轴（或镜像轴）可以是 X 轴、Y 轴或原点。

2. 指令格式

G51.1 X_Y_Z_；（建立镜像）

⋮

G50.1 X_Y_Z_；（取消镜像）

式中参数说明如下。

X、Y、Z 为用 G51.1 指定镜像的对称轴或对称点,见图 18-2 所示。

如：G51.1 X0 Y0 指的是以零点为对称点；G51.1 X0 指的是 $X=0$ 的坐标轴,即以 Y 轴为对称轴。G51.1 Y0 指的是 $Y=0$ 的坐标轴,即以 X 轴为对称轴。

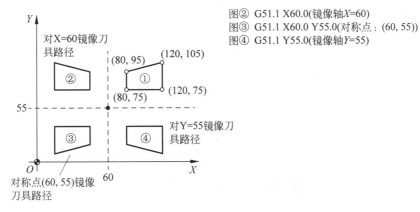

图② G51.1 X60.0(镜像轴X=60)
图③ G51.1 X60.0 Y55.0(对称点：(60, 55))
图④ G51.1 Y55.0(镜像轴Y=55)

图 18-2　对称图形

3. 注意事项

① G51.1、G50.1 为模态指令,可相互注销,G50.1 为缺省值。

② 有刀补时,先镜像,然后进行刀具长度补偿、半径补偿。

③ 镜像功能可改变刀具轨迹沿任一坐标轴的运动方向,它能给出对应工件坐标零点的镜像运动,如果只有 X、Y 的镜像,将使刀具沿相反方向运动。此外,如果在圆弧加工中只有指定一轴镜像,则 G02 与 G03 的作用会反过来,左右刀具半径补偿 G41 与 G42 也会反过来。

任务2　程　序　编　制

零件的参考工艺及加工清单如表 18-1 所示。

表 18-1 参考工艺及加工清单（对称轮廓零件）

材料：45♯钢		刀 具 信 息			切 削 用 量		
序号	工序内容	刀号	刀具类型	直径 /(mm)	主轴转速 /(r/min)	进给率 /(mm/min)	切削深度 /(mm)
1	铣平面	1	φ20 平刀	φ20	2000	800	0.6
2	铣对称轮廓	2	φ6 平刀	φ6	2000	80	3

参考程序如下。

```
O0001;                      (主程序名)
G21 G17 G40 G49 G80；        (初始化,可以省略,加上更安全)
G54 G90 G00 Z150.0；         (建立工件坐标系,刀具提高至 150mm)
T02 M06；                    (调用 2 号刀,铣床可以省略)
M03 S2000 F200；             (主轴正转,转速为 2000r/min)
G00 X0 Y0；                  (刀具瞄准下刀点,准备下刀)
Z10.0；                      (快速下刀至工件上表面 10mm 处)
G01 Z-3.0 F80；              (切削进给下刀,深度为 3mm)
M98 P0002；                  (调用子程序加工右边轮廓)
G51.1 X0；                   (以 Y 轴对称进行镜像)
M98 P0002；                  (调用子程序加工左边轮廓)
G50.1 X0；                   (镜像功能取消)
G00 Z150.0；                 (快速提刀)
M30；                        (程序结束)
O0002(子程序)
G41 D01 G01 X5.0 F80；
G02 X13.0 Y0 R4.0；
G03 X21.0 Y0 R4.0；
G02 X5.0 Y0 R8.0；
G40 G00 X0；
M99；
```

任务 3 机床操作训练

（1）如图 18-3(a)、(b)所示,其毛坯四周均已加工完毕,材料为 45♯钢(厚为 20mm),轮廓按图要求进行加工,切削总深度为 5mm。请使用镜像功能指令完成编程及加工。

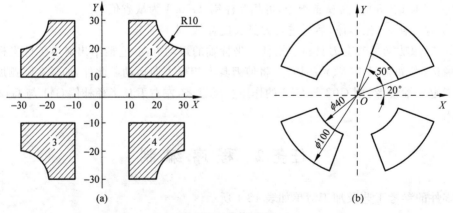

(a)   (b)

图 18-3 轮廓对称

（2）如图 18-4 所示的外形对称图形,要求加工材料为 45♯钢。分析图纸,零件主要外形是由两个对称台阶组成,前面是一个竖立的圆弧槽,其他见图纸要求。

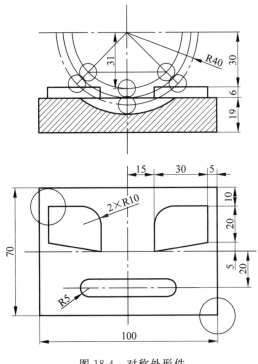

图 18-4 对称外形件

极坐标定位轮廓加工

项目知识

极坐标系指令的应用。

技能目标

掌握轮廓基点坐标采用极坐标形式表示时,引用极坐标形式编程的能力。

任务1 项目分析

图 19-1 所示为局部轮廓相同零件,工件材料为 45♯钢,加工总深度为 3mm,上平面与外轮廓侧面要求垂直,其余部分按照尺寸完成加工。对图进行分析得出以下结论。

① 上平面与侧面有垂直度要求,故先铣平面。

② 从图中可以看出四个凸起部分的轮廓线一致,只是角度相差 90°,故引用坐标旋转指令和子程序调用来完成加工。

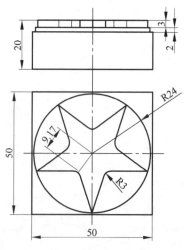

图 19-1 五角星

◆ **知识链接**

1. 极坐标指令（G15、G16）

可以用极坐标输入终点的坐标值（半径和角度）。

2. 指令格式

指令格式如下。

G16；（建立极坐标）

G01 X_Y_；（X 为极坐标半径值；Y 为极坐标角度，规定所选平面逆时针方向为角
　　　　　度的正方向，顺时针方向为角度的负方向）

　　⋮

G15；（取消极坐标）

半径和角度可以用绝对值指令（G90），也可以用增量值指令（G91）。当为 G90 绝对
编程时，半径或角度的增加都是从原点计算的；当为 G91 相对编程时，半径或角度都是从
当前点的半径或角度累加的。

① 当半径用绝对坐标编程时，局部坐标系原点成为极坐标系中心，如图 19-2 所示。

② 当半径用增量坐标编程时，当前点成为极坐标系中心，如图 19-3 所示。

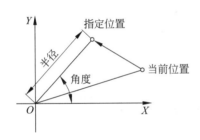

图 19-2　半径为绝对编程、角度
为绝对编程

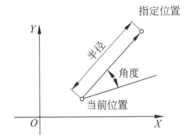

图 19-3　半径为增量编程、角度
为相对编程

3. 应用举例

应用举例如图 19-4 所示，参考程序如下。

G01 X65.0 Y0；
G16；
G01 X65.0 Y90.0；
Y225.0；
Y−360.0；
G15；

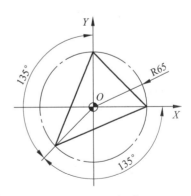

图 19-4　极坐标编程

4. 注意事项

（1）下列指令即使使用轴地址代码，也不能视作极
坐标指令。

① 暂停（G04）。

② 程序改变偏置值(G10)。

③ 设定局部坐标系(G52)。

④ 改变工件坐标系(G92)。

⑤ 选择机床坐标系(G53)。

⑥ 坐标系旋转(G68)。

⑦ 比例缩放(G51)。

(2) 选择极坐标时,指定圆弧插补或螺旋线切削(G02、G03)时用半径指定。

任务 2　程序编制

加工图 19-1 所示的局部轮廓相同零件,参考工艺及加工清单如表 19-1 所示。

表 19-1　参考工艺及加工清单(局部轮廓相同零件)

材料:45#钢		刀 具 信 息			切 削 用 量		
序号	工序内容	刀号	刀具类型	直径/(mm)	主轴转速/(r/min)	进给率/(mm/min)	切削深度/(mm)
1	铣平面	1	ϕ20 平刀	ϕ20	2000	600	0.6
2	铣五角星轮廓	2	ϕ6 平刀	ϕ6	2000	80	3

参考程序如下。

O0001;	(程序名:铣圆台外轮廓)
G21 G17 G40 G49 G80;	(初始化,可以省略,加上更安全)
G54 G90 G00 Z150.0;	(建立工件坐标系,刀具提高至 150mm)
T01 M06;	(调用 1 号刀,铣床可以省略)
M03 S2000;	(主轴正转,转速为 2000r/min)
G00 X50.0 Y0;	(刀具瞄准下刀点,准备下刀)
Z10.0;	(快速下刀至工件上表面 10mm 处)
G01 Z−5.0 F100;	(切削进给下刀,深度为 3mm)
G42 D01 X24.0 Y0;	(刀具切入,并建立刀具半径补偿)
G03 X24.0 Y0 I−24.0 J0;	
G40 G01 X50.0 Y0;	
G00 Z100.0;	
M30;	

O0002;	(主程序名:铣五角星外轮廓)
G54 G90 G00 Z150.0;	(建立工件坐标系,刀具提高至 150mm)
T02 M06;	(调用 1 号刀,铣床可以省略)
M03 S2000;	(主轴正转,转速为 2000r/min)
G00 X0 Y−40.0;	(刀具瞄准下刀点,准备下刀)
Z10.0;	(快速下刀至工件上表面 10mm 处)
G01 Z−3.0 F100;	(切削进给下刀,深度为 3mm)
M98 P0003;	
G00 Z150.0;	
M30;	

O0003；   （子程序名）
G01 G42 D02 X0 Y－24.0；
G16；
G01 X9.17 Y－54.0；
X24.0 Y－18.0；
X9.17 Y18.0；
X24.0 Y54.0；
X9.17 Y90.0；
X24.0 Y126.0；
X9.17 Y162.0；
X24.0 Y198.0
X9.17 Y234.0；
X24.0 Y270.0；
G15；
G01 G40 X0 Y－40.0；
M99；

任务 3　机床操作训练

如图 19-5 所示的外形零件，要求加工材料为 45♯钢。分析图纸可知，零件由三个不同外形的台阶组成，下层是一个外接圆为 ϕ68mm 的正六边形，上层是由高度为 15mm 直径为(30±0.03)mm 的圆柱体与长为 50mm 宽为 20mm 高为 5 mm 圆角为 R5mm 的键组合而成。其中六方形对边长度、圆柱体的直径以及键的长宽均有公差要求，故加工时要考虑尺寸精度问题。零件的毛坯尺寸为 ϕ70mm×50mm 铝棒料。

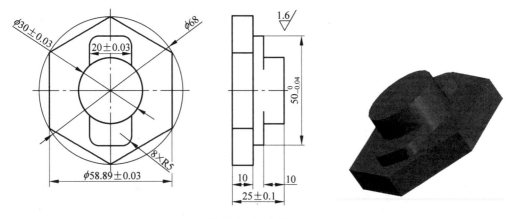

图 19-5　圆台外形件

孔系零件加工

项目知识

孔加工固定循环指令(G73、G74、G81、G82、G83、G84、G86、G87)的应用。

技能目标

解决孔类零件加工,包括钻、扩、锪、镗、铰、攻丝等。

任务1　项目分析

图 20-1 所示为孔系类零件,工件材料为 45♯ 钢,分析可知该零件的圆方槽已经加工出,只要加工出各个不同的孔即可。由于各个孔的大小、

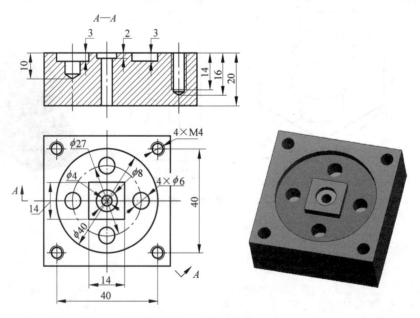

图 20-1　一般孔系零件

形状、功能及分布都不一样,因此所加工孔的方法和工艺也不同。按工艺确定工序:先钻出 $4 \times \phi 6$ 等孔,再钻 $4 \times M4$、$\phi 4$ 等孔,然后锪 $\phi 8$ 中央孔,最后进行 $4 \times M4$ 攻丝。

① 钻 $\phi 6$ 孔。

② 钻 $\phi 4$ 深孔。

③ 锪 $\phi 8$ 孔。

④ 攻丝 M4 螺纹。

◆ 知识链接

1. 孔加工固定循环的运动与动作

孔加工是最常用的加工工序,数控机床配备的孔加工固定循环功能,主要用于孔加工,其功能包括钻孔、镗孔、锪孔、铰孔、攻螺纹等。使用一个程序段就可以完成一个孔加工的全部动作。

对工件孔加工时,根据刀具的运动位置可以分为四个平面(图 20-2 所示):初始平面、R 平面、工件平面和孔底平面。

(1)初始平面

初始平面是为安全操作而设定的定位刀具的平面。初始平面到零件表面的距离可以任意设定。若使用同一把刀具加工若干个孔,当孔间存在障碍需要跳跃或全部孔加工完成时,可用 G98 指令使刀具返回到初始平面。另外,在中间加工过程中还可用 G99 指令使刀具返回到 R 平面,这样可缩短加工辅助时间。

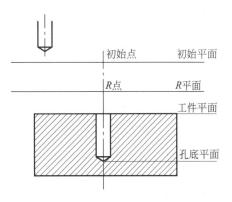

图 20-2 孔加工循环的平面

(2)R 平面

R 平面又称为 R 参考平面。这个平面表示刀具从快进转为工进的转折位置,R 平面距工件表面的距离主要考虑工件表面形状的变化,一般可取 $2 \sim 6$mm。

(3)孔底平面

Z 表示孔底平面的位置,加工通孔时刀具伸出工件孔底平面一段距离,以保证通孔全部加工到位,钻削盲孔时应考虑钻头钻尖对孔深的影响。

选择加工平面有 G17、G18 和 G19 三条指令,对应 XOY、XOZ 和 YOZ 三个加工平面,其对应孔加工轴线分别为 Z 轴、Y 轴和 X 轴。立式数控铣床孔加工时,只能在 XOY 平面内使用 Z 轴作为孔加工轴线,而与平面选择指令无关。下面主要介绍立式数控铣床孔加工的固定循环指令。

孔加工固定循环一般由以下 5 个动作组成,如图 20-3 所示(图中的虚线表示快速进给,实线表示切削进给)。

动作①:快速定位至孔位置 X、Y 坐标点;

动作②:刀具快速从初始点进给到参考平面 R 点;

动作③:以切削进给的方式执行孔加工的动作;

动作④：在孔底相应的动作(暂停、准停、刀具移位等)；

动作⑤：快速返回到参考平面 R 点(G99)或者快速返回到初始点(G98)。

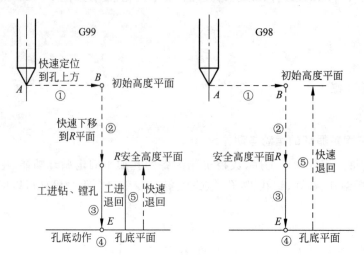

图 20-3　孔加工循环指令动作

孔加工固定循环的编程格式：

$$\left.\begin{array}{c}G98\\G99\end{array}\right\} G\_X\_Y\_Z\_R\_Q\_P\_F\_K\_ ;$$

各参数意义见表 20-1 所示。

表 20-1　各参数的意义

指令内容	地址	说　　明
孔加工方式	G	G 功能见表 20-2 所示
孔加工	X、Y	用增量值或绝对值指定孔位置，轨迹与进给速度与 G00 定位相同
	Z	增量值是指定从 R 点到孔底距离，绝对值是指定孔底的位置
	R	增量值是指定从初始平面到 R 点的距离，绝对值是指 R 点的位置
	Q	指定 G73、G83 中每次的切入量或 G76、G87 中的偏移量(常为增量)
	P	指定孔底的停留时间，其指定数值与 G04 相同
	F	指定切削进给速度
重复次数	K	决定动作的重复次数，未指定时为 1 次

K：规定重复加工次数(1~6)。如果不指定 K，则只进行一次循环。$K=0$ 时，孔加工数据存入，机床不动作。在增量方式(G91)时，如果有孔距相同的若干孔，采用重复次数进行编程是很方便的，在编程时配合采用 G91、G99 方式。

例如，当指令为 G91 G81 X50.0 Z−20.0 R−10.0 K6 F200 时，其运动轨迹如图 20-4 所示。如果是在绝对值方式中，则不能钻出 6 个孔，仅仅在第一个孔处往复钻 6 次，结果是 1 个孔。

注意：固定循环中的参数(Z、R、Q、P、F)是模态的。所以当变更固定循环时，可用的参数可以继续使用，不需重设。但中间如果隔有 G80 或 01 组 G 指令，则参数均被取消。

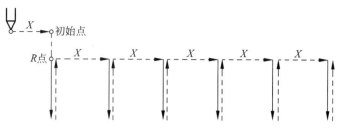

图 20-4 重复次数的使用

另外,若选用绝对坐标方式 G90 编程时,Z 表示孔底平面相对坐标原点的距离,R 表示 R 平面相对坐标原点的距离;若选用相对坐标方式 G91 编程时,Z 表示 R 平面至孔底平面的距离,R 表示初始平面至 R 平面的距离。如图 20-5 右图所示。

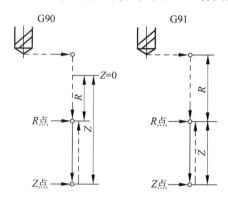

图 20-5 G90 与 G91 在钻孔中的应用

表 20-2 固定循环功能表

G 代码	孔加工动作 (－Z 方向)	孔底动作	返回方式 (＋Z 方向)	用 途
G73	间歇进给		快速进给	高速深孔往复断屑钻
G74	切削进给	暂停→主轴正转	切削进给	攻左旋螺纹
G76	切削进给	主轴定向停止→刀具移位	快速进给	精镗孔
G80				取消固定循环
G81	切削进给		快速进给	一般的钻孔
G82	切削进给	暂停	快速进给	锪孔、做沉头台阶孔
G83	间歇进给		快速进给	深孔往复排屑钻
G84	切削进给	暂停→主轴反转	切削进给	攻右旋螺纹
G85	切削进给		切削进给	(半)精镗孔
G86	切削进给	主轴停止	快速进给	粗镗孔
G87	切削进给	主轴停止	快速进给	背镗孔
G88	切削进给	暂停→主轴停止	手动操作	手动提刀粗镗孔
G89	切削进给	暂停	切削进给	(半)精镗阶梯孔

　　孔加工方式指令以及指令中 Z、R、Q、P 等都是模态指令,因此只要指定了这些指令,在后续的加工中就不必重新设定。如果仅仅是某一加工数据发生变化,仅修改需要变化的数据即可。

2. 钻孔(G81、G73、G83)

(1) 一般钻孔 G81 指令

　　钻孔循环指令 G81 为主轴正转,刀具以进给速度向下运动钻孔,到达孔底位置后,快速退回(无孔底动作),G81 指令的循环动作如图 20-6 所示。它是一种常用的钻孔加工方式,一般用于钻较浅的或容易加工的孔。

指令格式:

$\left.\begin{array}{l}\text{G98}\\\text{G99}\end{array}\right\}$ G81 X_Y_Z_R_F_;

参数说明:

X、Y 为孔的位置;

Z 为孔深;

R 为参考平面;

F 为进给率。

注意:如果 Z 的移动量为零,该指令不执行。

图 20-6　G81 钻孔循环

(2) 深孔钻加工循环指令(G73、G83)

　　G73 指令用于深孔钻削,Z 轴方向的间断进给有利于深孔加工过程中断屑与排屑,可减少退刀量,并可以进行高效率的加工。指令 Q 为每一次进给的加工深度(增量值为正值),图中退刀距离"d"由数控系统内部设定。循环动作如图 20-7 所示。

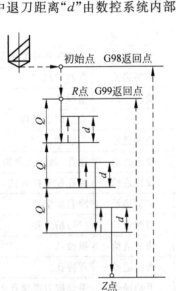

(a) 高速深孔钻G73循环(断屑式)

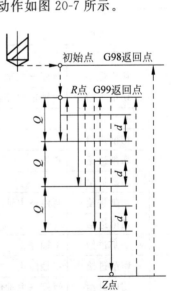

(b) 排屑钻孔G83循环(排屑式)

图 20-7　G73 循环与 G83 循环

指令格式：

G98
G99 } G73 X_Y_Z_R_Q_F_；（高速深孔钻 G73 循环，如图 3-45(a)所示）

G98
G99 } G83 X_Y_Z_R_Q_F_；（排屑钻孔 G83 循环，如图 3-45(b)所示）

参数说明：

X、Y 为孔的位置；

Z 为孔深；

R 为参考平面；

Q 为每次进给深度，正值；

F 为进给率。

注意：Z、K、Q 移动量为零时，该指令不执行。

G83 与 G73 指令略有不同的是每次刀具间歇进给后回退至 R 平面，这种退刀方式排屑畅通，此处的"d"表示刀具间断进给每次下降时由快进转为工进的那一点至前一次切削进给下降的点之间的距离，"d"值由数控系统内部设定。由此可见这种钻削方式适宜加工深孔。

其应用场合如下。

① 深孔钻削。

② 断屑，也可以用于较硬材料的浅孔加工。

③ 清除堆积在钻头螺旋槽内的切屑。

④ 钻头切削刃的冷却和润滑。

⑤ 控制钻头穿透材料。

3. 扩孔、锪孔（G82）

该指令除了要在孔底暂停外，其他动作与 G81 相同（如图 20-8 所示）。暂停时间由 P 给出，该指令主要用于加工盲孔和沉头孔，从而使孔底的表面更光滑。

指令格式：

G98
G99 } G82 X_Y_Z_R_P_F_；

参数说明：

X、Y 为孔的位置；

Z 为孔深；

R 为参考平面；

P 为暂停时间；

F 为进给率。

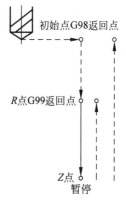

图 20-8 G82 钻孔循环

4. 攻丝（G84、G74）

攻丝分为攻左旋螺纹循环指令 G74 与攻右旋螺纹循环指令 G84。

1) 攻右旋螺纹循环指令 G84

G84 指令用于切削右旋螺纹孔，此指令用于攻右旋螺纹，故需先使主轴正转，再执行 G84 指令。具体动作：将丝锥先快速定位至 X、Y 所指定的坐标位置，再快速定位到 R 点，接着以 F 所指定的进给速率攻螺纹至 Z 所指定的孔底位置后，主轴转换为反转且同时向 Z 轴正方向退回至 R 点，退至 R 点后主轴恢复原来的正转，如图 20-9 所示。

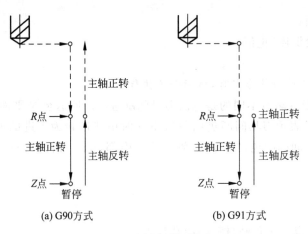

图 20-9　攻右螺纹循环指令 G84

指令格式：

$$\left.\begin{array}{c} G98 \\ G99 \end{array}\right\} G84\ X\_Y\_Z\_R\_P\_F\_;$$

参数说明：

X、Y 为孔的位置；

Z 为孔深；

R 为参考平面；

P 为在孔底暂停时间；

F 为进给速率；攻螺纹的进给速率 F(mm/min)＝导程(mm/rev)×主轴转速(rev/min)。在 G74、G84 攻螺纹循环指令执行中，进给速率调整钮无效，此时即使按下进给暂停键，循环在回复动作结束之前也不会停止。

下面列举两种编程方法。

(1) 每分钟进给编程

```
G94；                                      （Z轴每分钟进给）
M03 S600；                                 （主轴正转 600r/min）
G98 G84 X−30.0 Y−25.0 Z−12.0 R8.0 P2 F600； （右螺纹攻丝，螺距 1mm）
```

（2）每转进给编程

G95；	（Z 轴进给/主轴每转）
M03 S600；	（主轴正转 600r/min）
G98 G84 X－30.0 Y－25.0 Z－12.0 R8.0 P2 F1.0；	（右螺纹攻丝，螺距 1mm）

注意：

① 攻丝时速度倍率、进给保持均不起作用。

② R 应选在距工件表面 7mm 以上的地方。

③ 如果 Z 的移动量为零，该指令不执行。

2）攻左螺纹循环指令 G74

G74 指令用于攻左旋螺纹，故需先使主轴反转，再执行 G74 指令。具体动作：将丝锥先快速定位至 X、Y 所指定的坐标位置，再快速定位到 R 点，接着以 F 所指定的进给速率攻螺纹至 Z 所指定的孔底位置后，主轴转换为正转且同时向 Z 轴正方向退回至 R 点，退至 R 点后主轴恢复原来的反转，如图 20-10 所示。

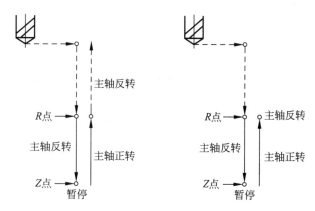

图 20-10　攻左螺纹循环指令 G74

指令格式：

$$\left.\begin{array}{l}G98\\G99\end{array}\right\}G74\ X\_Y\_Z\_R\_P\_F\_;$$

参数说明：

X、Y 为孔的位置；

Z 为孔深；

R 为参考平面；

P 为在孔底暂停的时间；

F 为进给速率；攻螺纹的进给速率 F(mm/min)＝导程 P(mm/r)×主轴转速 S(r/min)；在 G74、G84 攻螺纹循环指令执行中，进给速率调整钮无效，此时即使按下进给暂停键，循环在回复动作结束之前也不会停止。

下面列举两种编程方法。

（1）每分钟进给编程

G94；	（Z 轴每分钟进给）
M04 S600；	（主轴正转 600r/min）
G98 G74 X－30.0 Y－25.0 Z－12.0 R8.0 P2 F600；	（左螺纹攻丝，螺距 1mm）

（2）每转进给编程

G95；	（Z 轴进给/主轴每转）
M04 S600；	（主轴正转 600r/min）
G98 G74 X－30.0 Y－25.0 Z－12.0 R8.0 P2 F1；	（左螺纹攻丝，螺距 1mm）

注意：

① 攻丝时速度倍率、进给保持均不起作用。

② R 应选在距工件表面 7mm 以上的地方。

③ 如果 Z 的移动量为零，该指令不执行。

5．镗孔、铰孔

（1）精镗孔指令 G76

G76 指令用于精镗孔加工。镗削至孔底时，主轴在定向位置上停止，即准停，然后使刀尖偏移离开加工表面，最后再退刀，这样可以高精度、高效率地完成孔加工而不损伤工件已加工表面。

孔加工动作如图 20-11 所示。图中 OSS 表示主轴准停，Q 表示刀具移动量（规定为正值，若使用了负值则负号被忽略）。在孔底主轴定向停止后，刀头按地址 Q 所指定的偏移量移动，然后提刀，刀头的偏移量在 G76 指令中设定。

指令格式：

$\left.\begin{array}{l} G98 \\ G99 \end{array}\right\}$ G76 X_Y_Z_R_Q_F_；

参数说明：

X、Y 为孔的位置；

Z 为孔深；

R 为参考平面；

Q 为镗刀偏移量，表示主轴准停后，刀尖进行微量偏移的值，如图 20-12 所示；

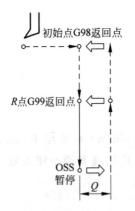

图 20-11　精镗孔指令 G76　　　　　　　图 20-12　镗刀偏移量 Q

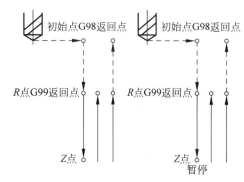

F 为进给速率；如：G98 G76 X0 Y0 Z－30.0 R5.0 Q0.3 F60；

（2）镗孔指令 G85 与镗阶梯孔指令 G89

如图 20-13 所示，这两种孔加工方式，刀具以切削进给的方式加工到孔底，然后又以切削进给的方式返回 R 平面，G89 指令在孔底增加了暂停，提高了阶梯孔台阶表面的加工质量。

图 20-13 镗孔 G85 与镗阶梯孔 G89

指令格式：

$\left. \begin{matrix} G98 \\ G99 \end{matrix} \right\}$ G85 X_Y_Z_R_F_；（镗孔 G85 指令）

$\left. \begin{matrix} G98 \\ G99 \end{matrix} \right\}$ G89 X_Y_Z_R_P_F_；（镗阶梯孔 G89 指令）

参数说明：

X、Y 为孔的位置；

Z 为孔深；

R 为参考平面；

P 为暂停时间；

F 为进给率。

如：G98 G85 X0 Y0 Z－30.0 R5.0 F60；

应用场合：

G85 指令通常用于一般镗孔和铰孔，它主要用在以下场合，即刀具运动进入和退出孔时可以改善孔的表面质量、尺寸公差和（或）同轴度、圆度等。使用 G85 循环进行镗削时，镗刀返回过程中可能会切除少量材料，这是因为退刀过程中刀具压力会减小。如果无法改善表面质量，则应该换用其他循环。

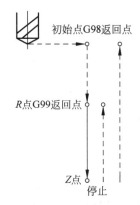

图 20-14 镗孔 G86 指令

G89 指令与 G85 指令相比较，在孔底增加了暂停，提高了阶梯孔台阶表面的加工质量，故用于镗削具有台阶表面要求较高的阶梯孔。

（3）镗孔指令 G86

如图 20-14 所示，加工到孔底后主轴停止，返回初始平面或 R 平面后，主轴再重新启动。采用这种方式，如果连续加工的孔间距较小，可能出现刀具已经定位到下一个孔加工的位置而主轴尚未到达指定转速的现象，为此可以在各孔动作之间加入暂停 G04 指令，使主轴获得指定的转速。

G86 与 G85 的区别是：G86 在到达孔底位置后，主轴停止转动，并快速退出。

指令格式：

$$\left.\begin{array}{l} G98 \\ G99 \end{array}\right\} G86\ X\_Y\_Z\_R\_F\_;$$

参数说明：

X、Y 为孔的位置；

Z 为孔深；

R 为参考平面；

F 为进给率。

如：G98 G86 X0 Y0 Z−30.0 R5.0 F60；

（4）背镗孔指令 G87

如图 20-15 所示，X 轴和 Y 轴定位后，主轴停止，刀具以与刀尖相反方向按指令 Q 设定的偏移量位移，并快速定位到孔底，在该位置刀具按原偏移量返回，然后主轴正转，沿 Z 轴正向加工到 Z 点，待此位置主轴再次停止后，刀具再次按原偏移量反向位移，然后主轴向上快速移动到达初始平面，并按原偏移量返回后主轴正转，继续执行下一个程序段。采用这种循环方式，刀具只能返回到初始平面而不能返回到 R 平面。

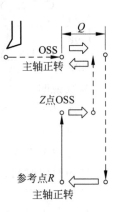

图 20-15　背镗孔

动作可分解为：刀具快移到初始点（X、Y 轴定位）→主轴定向停转→反向偏移 Q 量→快移到参照高度→偏移到 R 点→主轴正转→向上工进镗孔→主轴定向停转→反向偏移 Q 量→快速抬刀到安全高度→偏移到初始点→主轴正转。

指令格式：

G98 G87 X_Y_Z_R_Q_F_；

注意：此指令只能使用 G98 模式，不能使用 G99 模式，如使用则提示"固定循环格式错"报警。

参数说明：

X、Y 为孔的位置；

Z 为孔深；

R 为参考平面；

Q 为镗刀偏移量，表示主轴准停后，刀尖进行微量偏移的值；

F 为进给速率；

如：G98 G87 X0 Y0 Z5.0 R−30.0 Q0.3 F60；

尽管背镗循环有一定的应用，但并不常见，该循环的工作方向与其他循环相反，即从工件背面开始加工。通常背镗操作从孔底部开始加工，镗削操作沿 Z 轴向上（Z 正方向）进行。如图 20-16 有一个孔在工件背面，要求在同一安装中加工，这种情况必须使用 G87 循环进行背镗加工。

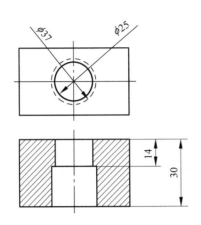
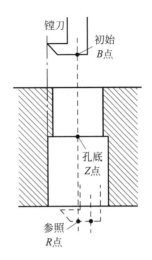

图 20-16   工件背面孔

（5）手退镗孔指令 G88

如图 20-17 所示，加工到孔底后暂停，主轴停止转动，自动转换为手动状态，用手动将刀具从孔中退出到返回 R 平面后，主轴正转，再转入下一个程序段自动加工。

动作可分解为以下几步：

① 在 X、Y 轴定位。

② 定位到 R 点。

③ 在 Z 轴方向上加工至 Z 点（孔底）。

④ 暂停后主轴停止。

⑤ 转换为手动状态，手动将刀具从孔中退出。

⑥ 返回到初始平面。

⑦ 主轴正转。

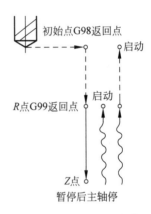

图 20-17   镗孔 G88 指令

指令格式：

$\left.\begin{array}{l}G98\\G99\end{array}\right\}$ G88 X_Y_Z_R_P_F_ ；

参数说明：

X、Y 为孔的位置；

Z 为孔深；

R 为参考平面；

P 为暂停时间；

F 为进给速率；

如：G98 G88 X0 Y0 Z−15.0 R8.0 P2 F60 ；

（6）取消固定循环 G80

G80 用来取消固定循环。使用 G80 指令后，固定循环被取消，孔加工数据全部清除，

R 点和 Z 点也被取消。

如果中间出现了任何 01 组的 G 代码（G00、G01、G02、G03），则孔加工固定循环也自动取消。因此用 01 组的 G 代码取消孔加工固定循环,其效果与用 G80 指令是完全相同的。

用法：G80 可自成一行,也可与 G28 一起使用,如,G80 G28 G91 X0 Y0 Z0。

注意：G80、G00、G01、G02、G03 等代码均可以取消固定循环。

在使用固定循环指令前,必须使用 M03 或 M04 指令启动主轴;在程序格式段中,X、Y、Z 或 R 指令数据应至少存在一个才能进行孔的加工;在使用带控制主轴回转的固定循环（如 G74、G84、G86 等）时,如果连续加工的孔间距较小,或初始平面到 R 平面的距离比较短时,会出现进入孔正式加工前,主轴转速还没有达到正常的转速的情况,从而影响加工效果。因此,遇到这种情况,应在各孔加工动作间插入 G04 指令,以获得时间,让主轴能恢复到正常的转速。

任务 2　程 序 编 制

加工如图 20-1 所示孔零件的工艺及加工清单如表 20-3 所示。

表 20-3　工艺及加工清单（孔零件）

材料：45♯钢		刀 具 信 息			切 削 用 量		
序号	工序内容	刀号	刀具类型	直径 /(mm)	主轴转速 /(r/min)	进给率 /(mm/min)	切削深度 /(mm)
1	钻 $\phi 6$ 孔	1	$\phi 6$ 钻头	$\phi 6$	800	80	10
2	钻 $\phi 4$ 深孔	2	$\phi 4$ 钻头	$\phi 4$	1000	60	16
3	锪 $\phi 8$ 孔	3	$\phi 8$ 平刀	$\phi 8$	1200	100	2
4	攻丝 M4 螺纹	4	M4 丝锥	$\phi 4$	400	400	14

参考程序如下。

```
(钻 4×φ6 孔)
O0001;                            (程序名)
G21 G17 G40 G49 G80;              (初始化,可以省略,加上更安全)
G54 G90 G00 Z150.0;               (建立工件坐标系,刀具提高至 150mm)
T01 M06;                          (调用 1 号刀,铣床可以省略)
M03 S800;                         (主轴正转,转速为 800r/min)
G00 X0 Y0;                        (刀具瞄准下刀点,准备下刀)
Z30.0;                            (快速下刀至初始平面 30mm 处)
G98 G81 X13.5 Y0 Z-10.0 R6.0 F80; (钻 φ6 第 1 个孔)
X0 Y13.5;                         (钻 φ6 第 2 个孔)
X-13.5 Y0;                        (钻 φ6 第 3 个孔)
X0 Y-13.5;                        (钻 φ6 第 4 个孔)
G80;                              (孔加工循环功能取消)
G00 Z150.0;                       (快速提刀)
M30;                              (程序结束)
```

(钻 4×φ4 深孔及中央孔)
O0002;	(程序名)
G21 G17 G40 G49 G80;	(初始化,可以省略,加上更安全)
G54 G90 G00 Z150.0;	(建立工件坐标系,刀具提高至150mm)
T02 M06;	(调用2号刀,铣床可以省略)
M03 S1000;	(主轴正转,转速为1000r/min)
G00 X0 Y0;	(刀具瞄准下刀点,准备下刀)
Z30.0;	(快速下刀至初始平面30mm处)
G98 G73 X0 Y0 Z−21.0 R6.0 Q3 F60;	(断屑式钻中央φ4孔)
X20 Y20.0 Z−16.0;	(断屑式钻φ4第1个孔)
X−20.0 Y20.0;	(断屑式钻φ4第2个孔)
X−20.0 Y−20.0;	(断屑式钻φ4第3个孔)
X20.0 Y−20.0;	(断屑式钻φ4第4个孔)
G80;	(孔加工循环功能取消)
G00 Z150.0;	(快速提刀)
M30;	(程序结束)

(锪 φ8 孔)
O0003;	(程序名)
G21 G17 G40 G49 G80;	(初始化,可以省略,加上更安全)
G54 G90 G00 Z150.0;	(建立工件坐标系,刀具提高至150mm)
T03 M06;	(调用3号刀,铣床可以省略)
M03 S1200;	(主轴正转,转速为1200r/min)
G00 X0 Y0;	(刀具瞄准下刀点,准备下刀)
Z30.0;	(快速下刀至初始平面30mm处)
G98 G82 X0 Y0 Z−2.0 R6.0 P3 F100;	(锪φ8沉孔)
G80;	(孔加工循环功能取消)
G00 Z150.0;	(快速提刀)
M30;	(程序结束)

(攻 M4 螺纹)
O0002;	(程序名)
G21 G17 G40 G49 G80;	(初始化,可以省略,加上更安全)
G54 G90 G00 Z150.0;	(建立工件坐标系,刀具提高至150mm)
T04 M06;	(调用4号刀,铣床可以省略)
M03 S400;	(主轴正转,转速为400r/min)
G00 X20.0 Y20.0;	(刀具瞄准下刀点,准备下刀)
Z30.0;	(快速下刀至初始平面30mm处)
G98 G84 X20.0 Y20.0 Z−14.0 R6.0 P2 F400;	(攻第1个M4螺纹)
X−20.0 Y20.0;	(攻第2个M4螺纹)
X−20.0 Y−20.0;	(攻第3个M4螺纹)
X20.0 Y−20.0;	(攻第4个M4螺纹)
G80;	(孔加工循环功能取消)
G00 Z150.0;	(快速提刀)
M30;	(程序结束)

任务3 机床操作训练

(1) 加工如图 20-18 所示的简单孔系类零件,工件材料为 45# 钢,分析可得知该零件的圆方槽已经加工完成,只要再加工出各个不同的孔即可。由于各个孔的分布不一样,因此所加工孔的方法和工艺也不同。分析得出需先钻出低台阶两个孔,再利用深孔排屑钻出高台阶三个孔,最后要求对高台阶的三个孔进行攻丝。

(2) 加工如图 20-19 所示的孔系类零件,工件材料为 45# 钢,分析可得知该零件有6 个 $\phi 8$ 的深孔(钻孔),6 个 $\phi 16$ 的沉孔(锪孔),6 个 M10 螺纹孔(攻丝),中间包括 1 个 $\phi 40$ 的大孔(镗孔),每个孔成圆周相隔 30°分布。

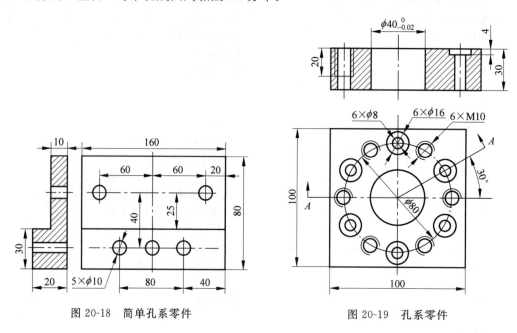

图 20-18 简单孔系零件

图 20-19 孔系零件

(3) 加工如图 20-20 所示的孔系类零件,零件尺寸为 100mm×100mm×20mm,工件材料为 45# 钢,假设零件为半成品,100mm×100mm×20mm 的外形尺寸已经加工到位。零件的参考工艺及加工参数如表 20-4 所示。

表 20-4 参考工艺及加工参数(图 20-20 孔系零件)

材料:45# 钢		刀 具 信 息			切 削 用 量		
序号	工序内容	刀号	刀具类型	直径 /(mm)	主轴转速 /(r/min)	进给率 /(mm/min)	切削深度 /(mm)
1	铣阶梯面	T01	$\phi 80$ 面铣刀	$\phi 80$	2000	800	0.6
2	钻中心孔	T02	$\phi 8$ 中心钻	$\phi 8$	3000	300	1.5
3	钻 $\phi 6$ 孔	T03	$\phi 6$ 钻头	$\phi 6$	2000	100	见图
4	锪 $\phi 10$ 孔	T04	$\phi 10$ 键槽铣刀	$\phi 10$	2000	150	见图
5	钻 $\phi 8$ 孔	T05	$\phi 8$ 钻头	$\phi 8$	1200	100	见图

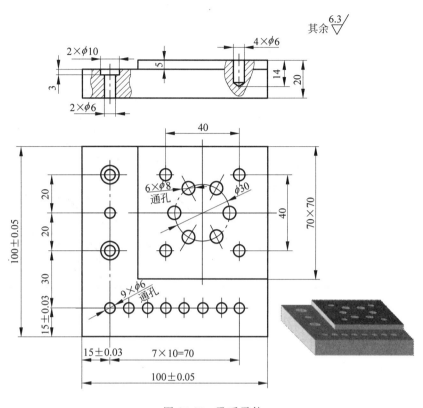

图 20-20　孔系零件

（4）加工如图 20-21 所示的板状零件，零件尺寸为 180mm×108mm×25mm，材料为铝材。假设零件为半成品，180mm×108mm×25mm 的外形尺寸已经加工到位。其参考工艺及加工参数如表 20-5 所示。

表 20-5　参考工艺及加工参数（图 20-21 孔系零件）

材料：45♯钢		刀 具 信 息			切 削 用 量		
序号	工序内容	刀号	刀具类型	直径/(mm)	主轴转速/(r/min)	进给率/(mm/min)	切削深度/(mm)
1	铣键槽	T1	ϕ10 键槽铣刀	ϕ10	2100	250	11
2	钻 ϕ9 通孔	T2	ϕ9 钻头	ϕ9	1200	100	见图
3	钻 ϕ8 孔	T3	ϕ8 钻头	ϕ8	1200	100	见图
4	锪 ϕ15 孔	T4	ϕ15 键槽铣刀	ϕ15	1500	300	见图
5	钻 ϕ5 孔	T5	ϕ5 钻头	ϕ5	1500	100	见图

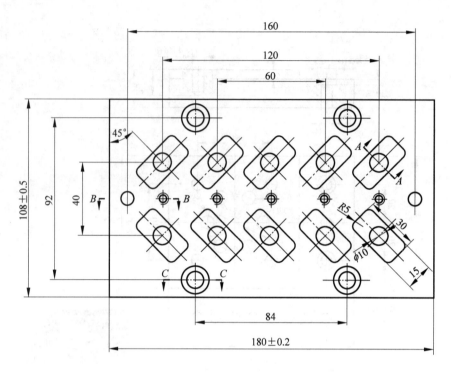

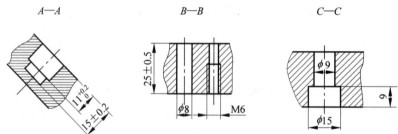

图 20-21　孔系零件

多把刀具自动换刀

项目知识

刀具长度补偿（G43、G44）的应用。

技能目标

解决加工中心多把刀具实现自动换刀,对零件进行加工。

任务1 项目分析

图 21-1 所示为典型的综合加工零件,工件材料为 45♯钢,要求打孔深度为 12mm,上平面与外轮廓侧面要求垂直,从图中可以看出外轮廓和内轮廓都有较高的精度要求,故需要先使用刀具半径补偿偏置来控制轮

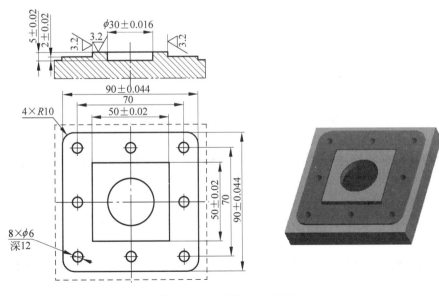

图 21-1 典型综合加工零件

廓精度,之后对工件进行钻孔,需要用到多把刀具,此时可通过加工中心自动换刀功能对零件进行加工。安排工序如下。

① 上表面与侧面有垂直度要求,故先铣平面。

② 加工外轮廓。

③ 加工内轮廓。

④ 钻孔。

◆ 知识链接

当使用不同类型及规格的刀具或刀具发生磨损时,可在程序中重新用刀具长度补偿指令补偿刀具尺寸的变化,而不必重新调整刀具或重新对刀,图 21-2 所示为不同刀具长度方向的偏移量。

(1) 格式

G43
G44 }H_G00 Z_;(刀具长度补偿建立)
⋮

G49 G00 Z_;(刀具长度补偿取消)

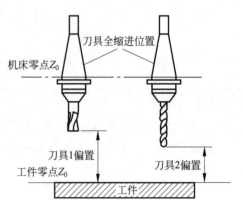

图 21-2　不同刀具的长度偏置

(2) 说明

G43 为刀具长度正补偿;G44 为刀具长度负补偿;G49 为撤销刀具长度补偿指令。Z 值为刀具长度补偿值,补偿量存入由 H 代码指定的存储器中。偏置量与偏置号相对应,由 CRT/MDI 操作面板预先输入到偏置存储器中。

使用 G43、G44 指令时,无论用绝对尺寸还是用增量尺寸编程,程序中指定的 Z 轴移动的终点坐标值,都要与 H 所指定寄存器中的偏移量进行运算,用 G43 时相加,用 G44 时相减,然后把运算结果作为终点坐标值进行加工。G43、G44 均为模态代码。

执行 G43 时:

$$Z 实际值 = Z 指令值 + (H \times \times)$$

执行 G44 时:

$$Z 实际值 = Z 指令值 - (H \times \times)$$

式中,$H \times \times$ 是指编号为 $\times \times$ 寄存器中的刀具长度补偿量。

采用取消刀具长度补偿指令 G49 或用 G43 H00 和 G44 H00 可以撤销刀具长度补偿。

(3) 刀具补偿应用技巧

① 刀具长度补偿一般在 Z 轴下刀时建立,在加工完轮廓后提刀时取消,如图 21-3 所示。

② 刀具半径补偿一般在切入工件时建立,在加工完轮廓时退出过程中取消,如图 21-3 所示。

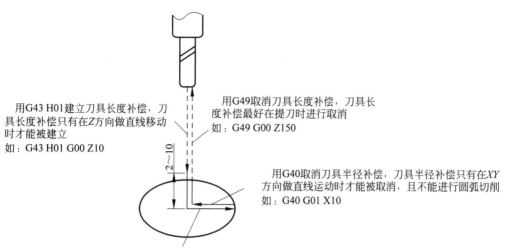

用G43 H01建立刀具长度补偿，刀具长度补偿只有在Z方向做直线移动时才能被建立
如：G43 H01 G00 Z10

用G49取消刀具长度补偿，刀具长度补偿最好在提刀时进行取消
如：G49 G00 Z150

用G40取消刀具半径补偿，刀具半径补偿只有在XY方向做直线运动时才能被取消，且不能进行圆弧切削
如：G40 G01 X10

用G41 D01或者G42 D01建立刀具半径补偿，刀具半径补偿只有在XY方向进行直线运动时才能被建立，且不能进行圆弧切削，即只能用G00或G01，而不能用G02或G03
如：G41 D01 G01 X25
或者：G42 D01 G01 X25

图 21-3 半径补偿和长度补偿的应用

任 务 2 程 序 编 制

图 21-4 所示零件的加工工艺及清单如表 21-1 所示。

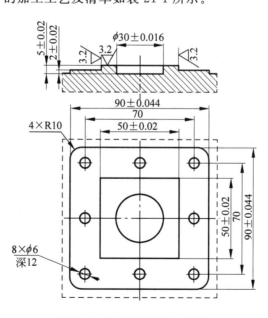

图 21-4 典型的综合加工零件

表 21-1　工艺及加工清单（典型的综合加工零件）

材料：45#钢		刀 具 信 息			切 削 用 量		
序号	工序内容	刀号	刀具类型	直径 /(mm)	主轴转速 /(r/min)	进给率 /(mm/min)	切削深度 /(mm)
1	铣平面	1	φ20 平刀	φ20	2000	800	0.6
2	铣外轮廓		φ20 平刀	φ20	1500	200	5/3
3	铣内轮廓		φ20 平刀	φ20	1500	150	5
4	高速深孔钻	2	φ6 钻头	φ6	1000	100	12

参考程序如下。

程序	说明
O0002；	（程序名）
G54；	（建立工件坐标系）
G21 G17 G40 G49 G69 G80；	（程序初始化，可以省略，加上更安全）
G90 G00 Z150.0；	（先提刀，为安全考虑）
T01 M06；	（调用 1 号刀）
M03 S1500；	（主轴正转，转速 S 为 1500r/min）
G00 X70.0 Y0；	（刀具瞄准下刀点，准备下刀）
G43 H01 G00 Z10.0；	（快速下刀至 10mm 处，并建立刀具长度补偿）
G01 Z−5.0 F100；	（下刀切入工件，下刀进给率 $F=100$mm/min，切深为 5mm）
G42 D01 G01 X45.0 F200；	（切入工件，并建立刀具半径补偿）
Y35.0；	
G03 X35.0 Y45.0 R10.0；	
G01 X−35.0；	
G03 X−45.0 Y35.0 R10.0；	
G01 Y−35.0；	
G03 X−35.0 Y−45.0 R10.0；	
G01 X35.0；	
G03 X45.0 Y−35.0 R10.0；	
G01 Y0；	
G40 G00 X70.0；	（完成外轮廓加工，并取消刀具半径补偿）
G00 Z−3.0；	（提刀至上一个外轮廓并进行加工）
G42 D01 G01 X25.0；	（切入工件，并建立刀具半径补偿）
Y25.0；	
X−25.0；	
Y−25.0；	
X25.0；	
Y0；	
G40 G00 X70.0；	（完成外轮廓加工，并取消刀具半径补偿）
G00 Z10.0；	（提刀，准备加工内轮廓）
X0 Y0；	（瞄准内轮廓中心点，准备下刀）
G01 Z−5.0 F100；	（下刀切入工件，下刀进给率 $F=100$mm/min，切深为 5mm）
G42 D01 G01 X15.0 F150；	（切至工件边缘，建立刀具半径补偿）
G02 X15.0 Y0 I−1.0 J0；	（整圆切削）
G40 G01 X0；	（完成内轮廓加工，并取消刀具半径补偿）
G49 G00 Z150.0；	（提刀，并取消刀具长度补偿）

T02 M06；	（调用2号刀）
M03 S1000；	（主轴正转，转速 S 为 1000r/min）
G43 H02 G00 Z30.0；	（快速下刀至30mm处，并建立刀具长度补偿）
G73 X35.0 Y35.0 Z−12.0 R6.0 Q3.0 F100；（高速深孔钻循环）	
X0；	
X−35.0；	
Y0；	
Y−35.0；	
X0；	
X35.0；	
Y0；	
G80.0；	
G49 G00 Z150.0；	（提刀，并取消刀具长度补偿）
M30；	

任务3 机床操作训练

（1）加工如图 21-5 所示典型的综合加工零件，工件材料为 45♯钢，上平面与外轮廓侧面要求垂直，内外轮廓有较高精度要求，要求使用刀具半径补偿偏置以控制轮廓精度，此外加工螺纹要求采用刚性攻丝。若需要用到多把刀具，可通过加工中心自动换刀功能对零件进行加工。零件参考工艺及加工清单如表 21-2 所示。

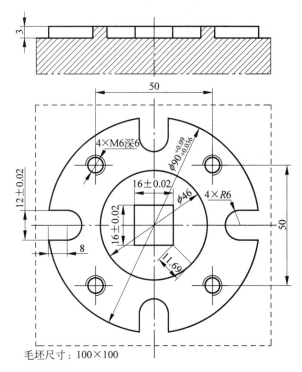

图 21-5 典型的综合加工零件

表 21-2　参考工艺及加工清单（图 21-5 典型的综合加工零件）

材料：45♯钢		刀 具 信 息			切 削 用 量		
序号	工序内容	刀号	刀具类型	直径/(mm)	主轴转速/(r/min)	进给率/(mm/min)	切削深度/(mm)
1	铣平面	1	$\phi20$ 平刀	$\phi20$	2000	800	0.6
2	铣外轮廓		$\phi20$ 平刀	$\phi20$	1500	200	3
3	铣周围槽及内轮廓	2	$\phi10$ 平刀	$\phi10$	1500	150	3
4	钻孔 $4\times\phi6$	3	$\phi6$ 钻头	$\phi6$	1000	100	6

（2）加工如图 21-6 所示典型的综合加工零件，工件材料为 45♯钢，要求上平面与外轮廓侧面要求垂直，内外轮廓有较高精度要求，要求使用刀具半径补偿偏置以控制轮廓精度，此外加工螺纹要求采用刚性攻丝。若需要用到多把刀具，可通过加工中心自动换刀功能对零件进行加工，棱边倒圆角 R3 可先不做。

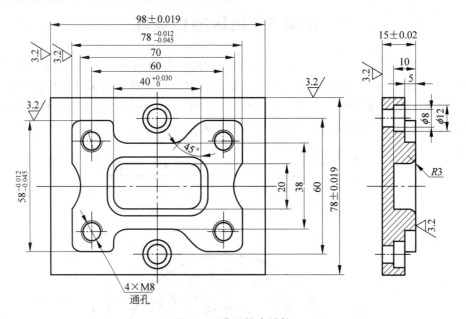

图 21-6　典型综合零件

非 圆 曲 线

项目知识

B 类宏指令的应用。

技能目标

解决二维非圆曲线轮廓和具有相同加工内容等特殊零件的加工，使数控程序更加简化。

任务1 项目分析

图 22-1 所示为椭圆轮廓零件，工件材料为 45♯钢，加工深度为 4mm，上平面与外轮廓侧面要求垂直，凸起部分为椭圆台，该轮廓线为非圆曲线。对图进行分析得出以下结论。

① 上平面与侧面有垂直度要求，故先铣平面。

② 铣削椭圆轮廓将引入宏指令编程。

◆ **知识链接**

B 类宏程序的应用。在程序编制过程中，宏程序是含有变量的程序，因为它允许使用变量、运算以及条件功能，

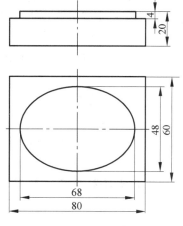

图 22-1 椭圆轮廓

所以使程序的编制更加合理。此外，宏程序还提供了循环语句、分支语句和子程序调用语句，有利于编制各种复杂的零件加工程序，减少乃至免除了手工编程时烦琐的数值计算。宏程序不能取代 CAD/CAM 软件，但它可以简化编程。

　　宏指令适合抛物线、椭圆、双曲线等非圆曲线及简单曲面等的编程;适合图形一样,但尺寸不同的系列零件的编程;适合工艺路径一样,但位置参数不同的系列零件的编程。它较大地简化了编程,扩展了应用范围。

1. 变量

　　(1) 变量的定义

　　变量是指在一个程序运行期间其值可以变化的量。普通加工程序直接用数值指定 G 代码和移动距离,例如:G01 和 X100。用户使用宏程序时数值可以直接指定或用变量指定,当用变量时变量值可用程序或用 MDI 面板上的操作改变。

　　① 变量的表示。变量用♯和后面的数字或式子表示,其格式为:♯i(i ＝1,2,3…)或♯[<式子>]。

　　例如:♯5,♯109,♯501,♯[♯1＋♯2－12]

　　② 变量的使用。变量可以代替宏程序中地址后面的数值或公式。

　　例如:F♯103,G00Z－♯100,G♯130,　X[♯24＋♯18COS[♯1]]

　　③ 变量符号可用变量代替。

　　例:♯[♯30],设♯30＝3.0,则为♯3

　　④ 变量不能使用地址 O,N,I。

　　例:下述方法不允许

O♯1;

N♯3 Z200.0;

　　(2) 变量的种类

　　变量可以是常数或者表达式,也可以是系统内部变量。变量在程序运行时参加运算,在程序结束时释放为空。变量主要分为以下 4 种类型。

　　① 局部变量(♯1～♯33)。局部变量是指一个在宏程序中局部使用的变量。局部变量只能用在宏程序中存储数据,当断电时局部变量被初始化为空,调用宏程序时自变量对局部变量赋值。例如:

宏程序 1　　　　　　　宏程序 2
⋮　　　　　　　　　　　⋮
♯10＝30.0　　　　　　X♯10 不表示 X30.0
⋮　　　　　　　　　　　⋮

　　注意:局部变量用于存放宏程序中的中间数据或者运算结果数据,断电时丢失为空。

　　② 公共变量(♯100～♯149,♯500～♯531)。公共变量是指各用户宏程序内公用的变量。例如:上例宏程序 1 中♯10 改用♯100 时,宏程序 2 中的 X♯100 表示 X30.0。

　　注意:♯100～♯149 断电后清空;♯500～♯531 为保持型变量(断电后不丢失)。

　　③ 系统变量。系统变量是指固定用途的变量,其值取决于系统的状态,是系统自带,也可以人为地为其中一些变量赋值。例如:♯2001 值为 1 号刀补 X 轴补偿值;♯5221 值为 X 轴 G54 工件原点偏置值。

　　注意:系统变量用于读写 CNC 数据变化,输入时必须输入小数点,小数点省略时单

位为 μm。

④ 空变量。该变量总是空,没有值能赋给该变量。例如: ♯0。

2. 常量

常量类似于高级编程语言中的常量,在用户宏程序中也具有常量。在华中数控系统中的常量主要有以下三个。

PI:圆周率;

TRUE:条件成立(真);

FALSE:条件不成立(假)。

3. 运算指令

变量可以进行各种运算,运算式的通用表达式如下。

♯i=＜表达式＞

运算式右边的＜表达式＞可以是常数、变量、函数和运算符的组合。常数可以代替＜表达式＞中的变量。具体参见表 22-1。

表 22-1　算术与逻辑运算

运算类型	功　　能	格　　式
算术运算	加法	♯i=♯j＋♯k
	减法	♯i=♯j－♯k
	乘法	♯i=♯j＊♯k
	除法	♯i=♯j/♯k
逻辑运算	或	♯i=♯j OK♯k
	异或	♯i=♯j XOK♯k
	与	♯i=♯j AND♯k
函数运算	正弦	♯i=SIN[♯j]
	余弦	♯i=COS[♯j]
	正切	♯i=TAN[♯j]
	余切	♯i=ATAN[♯j]
	平方根	♯i=SQRT[♯j]
	绝对值	♯i=ABS[♯j]
	四舍五入化整	♯i=ROUND[♯j]
	舍去小数部分	♯i=FIX[♯j]
	小数部分进位到整数	♯i=FUP[♯j]
	BCD→BIN	♯i=BIN[♯j]
	BIN→BCD	♯i=BCN[♯j]

具体说明如下。

(1) 角度单位为度

例如：90 度 30 分为 90.5 度

(2) ATAN 函数后的两个边长要用"/"隔开

例如：♯1＝ATAN[1]/[－1]时，♯1 为－45.0

(3) ROUND 用于语句中的地址，按各地址的最小设定单位进行四舍五入

例如：设♯1＝1.2345，♯2＝2.3456，设定最小单位为 1μm。

G91X－♯1；X－1.235；

X－♯2F300；X－2.346；

X[♯1＋♯2]；X3.580；

如果改为 X[ROUND[♯1]＋ROUND[♯2]]，那么 X＝3.0。

(4) 小数部分进位到整数(FUP)，反之舍去小数部分(FIX)

例如：设♯1＝1.2，♯2＝－1.2 时

若♯3＝FUP[♯1]时，则♯3＝2.0；

若♯3＝FIX[♯1]时，则♯3＝1.0；

若♯3＝FUP[♯2]时，则♯3＝－2.0；

若♯3＝FIX[♯2]时，则♯3＝－1.0；

(5) 指令函数时，可只写开始两个字母

例如：ROUND→RO

FIX→FI

(6) 优先级

函数→乘除(＊,/,AND)→加减(＋,－,OR,XOR)

例如：♯1＝♯2＋♯3＊SIN[♯4]；

(7) 括号为中括号，最多 5 重，圆括号用于注释语句

例如：♯1＝SIN[[[♯2＋♯3]＊♯4＋♯5]＊♯6]；(3 重)

4. 转移与循环指令

(1) 无条件的转移(GOTO 语句)

格式：

GOTO n

表示无条件地跳转到顺序号为 n 的程序段中。顺序号 n 也可以用变量或[＜表达式＞]来代替。

例如：GOTO ♯10

(2) 条件转移(IF 语句)

格式：IF[＜条件表达式＞]GOTO n

表示若＜条件表达式＞成立，则跳转到顺序号为 n 的程序段中；若＜条件表达式＞不成立，则执行下个程序段。

＜条件表达式＞有如下几种，具体形式见表 22-2。

表 22-2　条件表达式

条件式	含　义	条件式	含　义
#j EQ #k	等于(#j＝#k)	#j LT #k	小于(#j＜#k)
#j NE #k	不等于(#j≠#k)	#j GE #k	大于等于(#j≥#k)
#j GT #k	大于(#j＞#k)	#j LE #k	小于等于(#j≤#k)

例①：IF［#1 GT 10］GOTO 100；

⋮

N100 G00 X10.0；

例②：求 1 到 10 之和

O1234；
#1＝0；
#2＝1.0；
N1 IF［#2 GT 10］GOTO 2；
#1＝#1＋#2；
#2＝#2＋1.0；
GOTO 1；
N2 M30；

(3) 循环(WHILE 语句)

格式：WHILE［＜条件表达式＞］DO m（m＝1,2,3…）

⋮

END m；

说明：

① 若＜条件表达式＞满足时，则重复执行 DO m 到 END m 之间的程序段；若＜条件表达式＞不满足时，则执行 END m 之后的程序段。

② WHILE［＜条件表达式＞］也可以省略。此时，程序将从 DO m 到 END m 无条件地不断重复执行，即 DO m 到 END m 之间形成死循环，除非用别的条件语句使其跳出循环。

③ 在使用 EQ 或 NE 的条件表达式中，＜空＞和零有不同的效果。在其他形式的条件表达式中，＜空＞被当作零。

④ WHILE［＜条件表达式＞］DO m 和 END m 必须成对使用，并且 DO m 一定要在 END m 之前。用识别号 m 来识别。

⑤ DO 语句允许有 3 层嵌套，即

DO 1

DO 2

DO 3

END 3

END 2

END 1

⑥ DO 语句范围不允许交叉,如下语句是错误的。

DO 1

DO 2

END 1

END 2

以上仅介绍了 B 类宏程序应用的基本内容,有关更加详细的说明,请查阅 FANUC-0i 系统说明书。

任务 2 程序编制

加工如图 22-2 所示的零件,加工工艺及清单如表 22-3 所示。

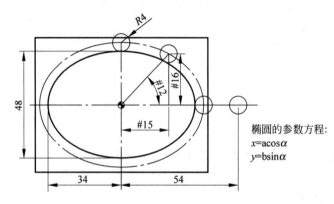

椭圆的参数方程:
$x = a\cos\alpha$
$y = b\sin\alpha$

图 22-2 椭圆轮廓零件

表 22-3 工艺及加工清单(椭圆轮廓零件)

材料:45♯钢		刀具信息			切削用量		
序号	工序内容	刀号	刀具类型	直径/(mm)	主轴转速/(r/min)	进给率/(mm/min)	切削深度/(mm)
1	铣平面(略)	1	$\phi20$ 平刀	$\phi20$	2000	800	0.6
2	铣椭圆轮廓	2	$\phi8$ 平刀	$\phi8$	2000	150	4

参考程序如下。

O0002;(铣椭圆轮廓)　　　　　(程序名)

G21 G17 G40 G49 G80;　　　(程序初始化,可以省略,加上更安全)

G54 G90 G00 Z150.0;　　　(建立工件坐标系,刀具提高至 150mm)

T02 M06;　　　　　(调用 1 号刀,铣床可以省略)

M03 S2000;　　　　(主轴正转,转速 S 为 2000r/min)

G00 X54.0 Y0;　　　(刀具从某个位置瞄准下刀点,准备下刀)

Z10.0;　　　　　(快速下刀)

G01 Z−4.0 F150.0;　　　(下刀切入工件,下刀进给率 F=150mm/min,切深为 4mm)

G01 X38.0;　　　　(开始切入椭圆)

♯10=34.0;　　　　(椭圆长半轴)

```
#11＝24.0；                         （椭圆短半轴）
#12＝0；                            （初始角度）
#13＝360.0；                        （终止角度）
#14＝1.0；                          （每步角度增量）
WHILE ［ #12 LE #13 ］ DO 1；        （WHILE 语句建立循环）
#15 ＝ ［#10＋4.0］* COS［#12］；    （求变量 X 值）
#16 ＝ ［#11＋4.0］* SIN ［#12］；   （求变量 Y 值）
G01 X #15 Y#16；                    （刀具走到 X、Y 变量坐标点上）
#12 ＝ #12 ＋ #14；                 （角度增量,即增量每叠加 1°,代入＜条件表达式＞进行判断）
END1；                              （循环结束）
G01 X54.0；                         （从 H→A 直线切削）
G00 Z150.0；                        （快速提刀）
M30；                               （程序结束）
```

曲 面 加 工

> **项目知识**
> B 类宏指令和可编程参数设定指令 G10 的应用。
> **技能目标**
> 解决各类曲面和具有相同加工内容等特殊零件加工,使数控程序更加简化。

任务1　项目分析

图 23-1 所示为圆柱倒圆角曲面零件,工件材料为 45♯钢,上平面与外轮廓侧面要求垂直,要求使用球刀将圆柱棱边进行倒圆角为 R5,倒后圆角为曲面。对图进行分析得出以下结论。

① 上表面与侧面有垂直度要求,故先铣平面。

② 利用球刀倒圆角所形成的曲面将引入宏指令编程。

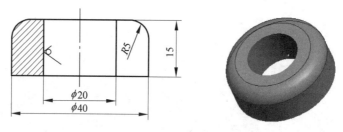

图 23-1　圆柱倒圆角曲面零件

◆ 知识链接

FANUC 系统中的 G10 指令,可实现刀具几何参数的设定与编辑功能,由程序指令变为刀具加工过程中的半径补偿量,其另一功能是在加工程序中实现工件坐标系的设定与设定值的变更。

1. 用 G10 指令变更刀具补偿量

在手工编程加工中由半径补偿值输入 CNC 储存器的方法有以下两种。

方法1：用手动的方法将要使用的半径值从 GRT 面板中直接输入 CNC 储存器内，这种方法输入的半径值是固定不变的。

方法2：在程序中用指令 G10 将对应的半径值输入到存储器内，通过变量的形式设半径值为一个变量再与 G10 对应，然后将不断变化的半径值输入 CNC 存储器中。

格式如下。

$\left.\begin{array}{c}\text{G90}\\\text{G91}\end{array}\right\}$ G10 L12 P__R__；

$\left.\begin{array}{c}\text{G41}\\\text{G42}\end{array}\right\}$ D__ $\left.\begin{array}{c}\text{G01}\\\text{G00}\end{array}\right\}$ X__Y__；

⋮

$\text{G40}\left.\begin{array}{c}\text{G01}\\\text{G00}\end{array}\right\}$ X__Y__；

例如：G90 G10 L12 P01 R♯10；

　　　G41 D01 G01 X1.256 Y35.978 F100；

　　　　⋮

　　　G40 G00 X0 Y60.0；

参数说明如下。

变量 L 值为 $10\sim13$，L 赋值为 12，表示变更刀具补偿量方式。（此外，$L10$ 表示 H 代码，几何偏置量；$L11$ 表示 H 代码，磨损偏置量；$L12$ 表示 D 代码，几何偏置量；$L13$ 表示 D 代码，磨损偏置量。）

P 为刀具补偿号（偏置号）；

R 为刀具的补偿量（偏置量）；

G90 为覆盖原有补偿量；

G91 为在原有的补偿量的基础上累加。

在程序中通过改变 R 变量中的刀具半径补偿量，可以实现径向多刀切削（即零件轮廓粗加工时调整加工余量），使用同一把刀具实现粗、精加工。若改变刀具长度可以实现分层多刀加工。

用 G10 指令改变刀偏值，比操作者手动修改要快速可靠。在编程时要记住，当程序结束时，要把刀偏值恢复到初始值，不然再用时就要出错。

2. 用 G10 指令实现工件坐标系的设定、变更

格式：G90/G91 G10 L2 P__X__Y__Z__；

参数说明如下。

变量 L 赋值为 2，表示变更工件坐标系方式；

P 为工件坐标系,赋值 1~6 表示 G54~G59,赋值 0 表示工件坐标系外部坐标;

X、Y、Z 为工件坐标系原点坐标值;

G90 为覆盖原有补偿量;

G91 为在原有的补偿量的基础上累加。

利用 G10 工件坐标系的设定变更功能,可实现工件坐标系的设定,修改和平移,如图 23-2 所示。

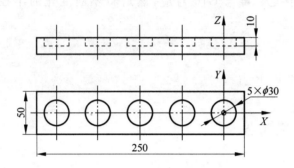

图 23-2 利用 G10 实现坐标系平移

参考程序如下。

O1111;(主程序)
G10 L2 P0 X0 Y0 Z0;(外部坐标系清零)
G54 G90 G00 Z100.0;
T01 M06;
M03 S1200;
X0 Y0;
G43 H01 G00 Z5.0;
G98 P2222 L5;(子程序 O2222 共执行了 5 次)
G10 L2 P0 X0 Y0 Z0;(外部坐标系清零)
G49 G00 Z150.0;
M30;
O2222;(子程序)
G90 G00 X0 Y0;
G01 Z-10.0 F100;
G42 D01 G01 X15.0;
G02 X15.0 Y0 I-15.0 J0;
G00 G40 X0 Y0;
Z5.0;
G91 G10 L2 P0 X -50.0;(利用 G10 实现坐标系平移)
M99;

任务 2 程序编制

加工如图 23-3 所示的零件,加工工艺及加工清单如表 23-1 所示。

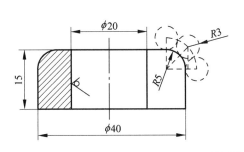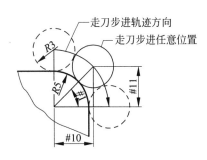

图 23-3　圆柱倒圆角曲面零件

表 23-1　工艺及加工清单(圆柱倒圆角曲面零件)

材料：45♯钢		刀 具 信 息			切 削 用 量		
序号	工序内容	刀号	刀具类型	直径 /(mm)	主轴转速 /(r/min)	进给率 /(mm/min)	切削深度 /(mm)
1	铣平面	1	φ20 平刀	φ20	2000	800	0.6
2	圆柱倒圆角	2	φ6 球刀	φ6	3000	600	

参考程序如下。

(1) 方法 1(常规编程)

(工件轮廓倒角半径为 R5,刀具半径为 R3)

```
O0001;
G21 G17 G40 G49 G80;
G54 G90 G00 Z100.0;
M03 S3000;
X25.0 Y0;
Z10.0;
#1=90.0;
WHILE[#1GE0]DO1;
#10=(5.0+3.0)*COS[#1];
#11=(5.0+3.0)*SIN[#1]−5.0;
G01 X[15.0 + #10] F600;
Z#11 F100;
G02 I−[15.0 + #10] J0 F600;
#1=#1−1.0;
END1;
G01 Z0;
G00 Z100.0;
M30;
```

(2) 方法 2(用可编程参数设定 G10 进行编程)

(工件轮廓倒角半径为 R5,刀具半径为 R3)

```
O0001;
G21 G17 G40 G49 G80;
G54 G90 G00 Z100.0;
M03 S3000;
```

```
X25.0 Y0;
Z10.0;
#1=90.0;
WHILE[#1GE0]DO1;
#10=(5.0+3.0)*COS[#1]-5.0;
#11=(5.0+3.0)*SIN[#1]-5.0;
Z#11 F100;
G10 L12 P01 R#10;
G41 D01 G01 X20.0 F600;
G02 I-20.0 J0 F600;
G40 G01 X25.0;
#1=#1-1.0;
END1;
G01 Z0;
G00 Z100.0;
M30;
```

注意：程序是以刀具中心轨迹进行编程，因此操作者在对刀时必须要以球刀的球心为刀位点。

任务3　机床操作训练

加工图 23-4 所示的圆柱倒内圆角曲面零件，工件材料为 45#钢，上平面与外轮廓侧面要求垂直，要求使用球刀将圆柱棱边进行倒内圆角为 R5。参考工艺及加工清单如表 23-2 所示。

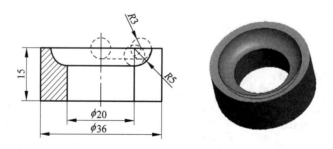

图 23-4　圆柱倒内圆角零件

表 23-2　参考工艺及加工清单（圆柱倒内圆角零件）

材料：45#钢			刀具信息			切削用量		
序号	工序内容	刀号	刀具类型	直径 /(mm)	主轴转速 /(r/min)	进给率 /(mm/min)	切削深度 /(mm)	
1	铣平面	1	φ20 平刀	φ20	2000	800	0.6	
2	钻孔	2	φ16 钻头	φ16	800	100	15	
3	扩孔或镗孔	3	φ20 平刀/镗刀	φ20	1500	100	16	
4	圆柱倒内圆角	4	φ6 球刀	φ6	3000	600		

综合零件加工

项目知识

各种指令的综合应用,提高编程水平。

技能目标

解决综合零件编程及加工。

任务1 项目分析

图 24-1 所示为典型的综合加工零件,工件材料为 45♯钢,上平面与外轮廓侧面要求垂直,内外轮廓均有精度要求,要求使用刀具半径补偿偏

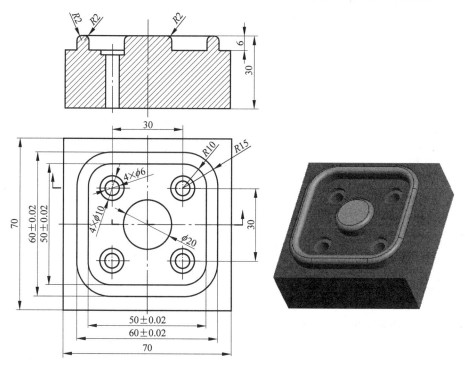

图 24-1 典型综合零件

置以控制轮廓精度,棱边倒圆角要求利用球刀通过宏程序进行。按要求安排工序如下。

① 上表面与侧面有垂直度要求,故先铣平面。

② 加工外轮廓。

③ 加工内槽轮廓。

④ 钻孔 $4 \times \phi6$ 及锪孔 $4 \times \phi10$。

⑤ 棱边倒圆角 R2(可以选择不加工)。

任务 2 程 序 编 制

加工如图 24-1 所示的零件,参考工艺及加工清单如表 24-1 所示。

表 24-1 参考工艺及加工清单(图 24-1 所示典型综合零件)

材料:45♯钢		刀 具 信 息			切 削 用 量		
序号	工序内容	刀号	刀具类型	直径/(mm)	主轴转速/(r/min)	进给率/(mm/min)	切削深度/(mm)
1	铣平面	1	$\phi20$ 平刀	$\phi20$	2000	800	0.6
2	加工外轮廓				1500	120	6
3	加工内槽轮廓	2	$\phi12$ 键槽	$\phi12$	2000	120	6
4	钻深孔 $4 \times \phi6$	3	$\phi6$ 钻头	$\phi6$	800	60	30
5	锪 $\phi10$ 孔	4	$\phi10$ 键槽刀	$\phi10$	1000	100	2
6	棱边倒圆角 R2 (可以选择不加工)	5	$\phi6$ 球刀	$\phi6$	3000	600	

参考程序如下。

```
O0002;
G54;
G21 G17 G40 G49 G69 G80;
G90 G00 Z150.0;
T01 M06;
M03 S1500;
G00 X60.0 Y0;
G43 H01 G00 Z10.0;
G01 Z-6.0 F100;
G42 D01 G01 X30.0 F120;
Y15.0;
G03 X15.0 Y30.0 R15.0;
G01 X-15.0;
G03 X-30.0 Y15.0 R15.0;
G01 Y-15.0;
G03 X-15.0 Y-30.0 R15.0;
G01 X15.0;
G03 X30.0 Y-15.0 R15.0;
G01 Y0;
G40 G00 X60.0;
```

G49 G00 Z150.0；

T02 M06；（加工内槽轮廓）
M03 S2000；
G00 X17.5 Y0；
G43 H02 G00 Z10.0；
G01 Z－6.0 F120；
G02 X17.5 Y0 I－17.5 J0；
G41 D02 G01 X10.0；
G02 X10 Y0 I－10.0 J0；
G40 G01 X17.5；
G41 D02 G01 X25.0；
Y15.0；
G03 X15.0 Y25.0 R10.0；
G01 X－15.0；
G03 X－25.0 Y15.0 R10.0；
G01 Y－15.0；
G03 X－15.0 Y－25.0 R10.0；
G01 X15.0；
G03 X25.0 Y－15.0 R10.0；
G01 Y0；
G40 G01 X17.5；
G49 G00 Z150.0；

T03 M06；（钻深孔 4×ϕ6）
M03 S800；
G90 G00 Z150.0；
G43 H03 G00 Z30.0；
G83 X15.0 Y15.0 Z－30.0 R6.0 Q4 F60.0；
X－15.0；
Y－15.0；
X15.0；
G80；
G49 G00 Z150.0；

T04 M06；（锪 ϕ10 孔）
M03 S1000；
G90 G00 Z150.0；
G43 H04 G00 Z30.0；
G82 X15.0 Y15.0 Z－2.0.0 R6.0 P2 F100；
X－15.0；
Y－15.0；
X15.0；
G80；
G49 G00 Z150.0；

T05 M06；（圆柱棱边倒圆角 R2）
M03 S3000；
G00 X15.0 Y0；
G43 H05 G00 Z10.0；

```
#1＝90.0；
WHILE[#1 GE0]DO1；
#10＝(2.0＋3.0)＊COS[#1]－2.0；（动态变化刀补值）
#11＝(2.0＋3.0)＊SIN[#1]－2.0；（动态变化Z向值）
G10 L12 P05 R#10；
G41 D05 G01 X10.0 F600；
Z#11 F60；
G02 I－20.0 J0 F600；
G40 G01 X15.0；
#1＝#1－1.0；
END1；
G01 Z10.0；

X20.0 Y0；（内棱边倒圆角，瞄准下刀点）
#1＝90.0；
WHILE[#1GE0]DO1；
#10＝(2.0＋3.0 )＊COS[#1]－2.0；
#11＝(2.0＋3.0)＊SIN[#1]－2.0；
G10 L12 P05 R#10；
G41 D05 G01 X25.0 F600；
Z#11 F60；
Y15.0；
G03 X15.0 Y25.0 R10.0；
G01 X－15.0；
G03 X－25.0 Y15.0 R10.0；
G01 Y－15.0；
G03 X－15.0 Y－25.0 R10.0；
G01 X15.0；
G03 X25.0 Y－15.0 R10.0；
G01 Y0；
G40 G01 X20.0；
#1 ＝ #1－1.0；
END 1；
G01 Z10.0

X35.0 Y0；（外棱边倒圆角，瞄准下刀点）
#1＝ 90.0；
WHILE[#1 GE 0]DO1；
#10 ＝(2.0 ＋3.0 )＊ COS [ #1 ]－2.0；
#11 ＝(2.0＋3.0)＊ SIN[#1]－2.0；
G10 L12 P05 R#10；
G42 D05 G01 X30.0 F600；
Z#11 F60；
Y15.0；
G03 X15.0 Y30.0 R15.0；
G01 X－15.0；
G03 X－30.0 Y15.0 R15.0；
G01 Y－15.0；
G03 X－15.0 Y－30.0 R15.0；
G01 X15.0；
G03 X30.0 Y－15.0 R15.0；
```

```
G01 Y0；
G40 G00 X35.0；
＃1＝＃1－1.0；
END1；
G49 G00 Z150.0；
M30；
```

任务3　机床操作训练

（1）加工图 24-2 所示典型的综合加工零件，工件材料为 45♯钢，上平面与外轮廓侧面要求垂直，内外轮廓有较高精度要求，要求使用刀具半径补偿偏置以控制轮廓精度，此外加工螺纹要求采用刚性攻丝。若需要用到多把刀具，可通过加工中心自动换刀功能对零件进行加工。参考工艺及加工清单如表 24-2 所示。

注意： 倒圆部分可以选择不做。

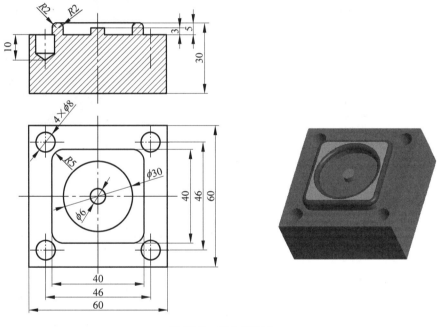

图 24-2　综合训练 1

表 24-2　参考工艺及加工清单（图 24-2 所示综合训练加工零件）

材料：45♯钢		刀 具 信 息			切 削 用 量		
序号	工序内容	刀号	刀具类型	直径/(mm)	主轴转速/(r/min)	进给率/(mm/min)	切削深度/(mm)
1	铣平面	1	ϕ20 平刀	ϕ20	2000	800	0.6
2	铣外轮廓		ϕ20 平刀	ϕ20	1500	150	3
3	铣周围槽及内轮廓	2	ϕ10 平刀	ϕ10	1500	100	3
4	钻孔 4×ϕ6	3	ϕ6 钻头	ϕ6	1000	100	6
5	内外轮廓倒圆				（可以选择不做）		

（2）加工图 24-3 所示典型的综合加工零件，工件材料为 45♯ 钢，平面与外轮廓侧面要求垂直，内外轮廓有较高精度要求，要求使用刀具半径补偿偏置以控制轮廓精度，此外加工螺纹要求采用刚性攻丝。若需要用到多把刀具，可通过加工中心自动换刀功能对零件进行加工。参考工艺及加工清单如表 24-3 所示。

注意：倒圆部分可以选择不做。

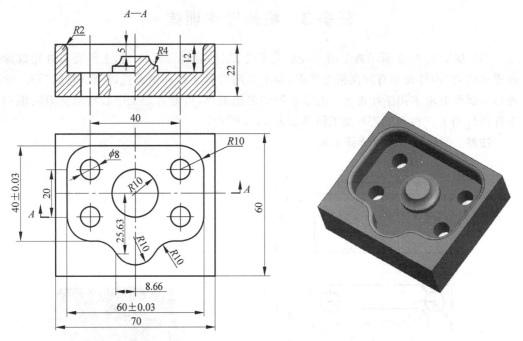

图 24-3　综合训练 2

表 24-3　参考工艺及加工清单（图 24-3 所示综合训练加工零件）

材料：45♯钢		刀 具 信 息			切 削 用 量		
序号	工序内容	刀号	刀具类型	直径/(mm)	主轴转速/(r/min)	进给率/(mm/min)	切削深度/(mm)
1	铣平面	1	φ20 平刀	φ20	2000	800	0.6
2	铣外轮廓		φ20 平刀	φ20	1500	150	3
3	铣周围槽及内轮廓	2	φ10 平刀	φ10	1500	100	3
4	钻孔 4×φ6	3	φ6 钻头	φ6	1000	100	6
5	轮廓倒圆角	（可以选择不做）					

相对复杂零件的加工

项目知识

各种指令的综合应用,进一步提高编程水平。

技能目标

解决相对复杂零件的编程及加工。

任务1 项目分析

图 25-1 所示为相对复杂零件,工件材料为 45♯ 钢,零件加工部位由不完全对称的腔槽、凸起及薄壁、孔组成,其几何形状属于平面二维图

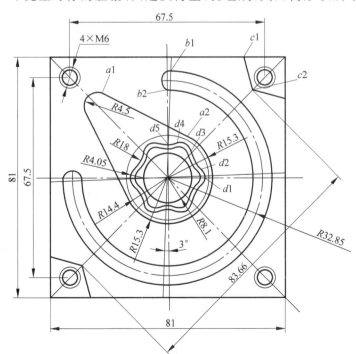

$a1=x-22.1687 \quad y28.2070$
$a2=x6.8487 \quad y13.6810$
$b1=x1.2564 \quad y35.9781$
$b2=x1.0365 \quad y29.6819$
$c1=x26.6517 \quad y40.5$
$c2=x29.5782 \quad y29.5782$
$d1=x12.5113 \quad y0$
$d2=x11.5150 \quad y2.6603$
$d3=x8.0614 \quad y8.6421$
$d4=x3.4536 \quad y11.3025$
$d5=x0 \quad y10.968$

图 25-1 相对复杂零件

形,零件外轮廓为方形。几何形状特征点-节点坐标已经给出,无需进行计算,请按图纸要求尺寸进行加工,加工深度为 8mm,加工后效果如图 25-2所示。

按要求安排工序如下。

① 铣上平面。

② 铣圆弧条外轮廓(高为 8mm)。

③ 铣中心花外轮廓。

④ 铣中心花内轮廓。

⑤ 粗内孔。

⑥ 精内孔。

⑦ 铣斜凸(高为 2mm)。

⑧ 圆弧条倒圆角 $R2$。

⑨ 钻孔及攻丝。

图 25-2　相对复杂零件效果图

任 务 2　程 序 编 制

加工图 25-2 所示零件的参考工艺及加工清单如表 25-1 所示。

表 25-1　工艺和加工清单(图 25-2 所示相对复杂零件)

材料:45♯钢		刀 具 信 息			切 削 用 量		
序号	工序内容	刀号	刀具类型	直径/(mm)	主轴转速/(r/min)	进给率/(mm/min)	切削深度/(mm)
1	铣上平面	1	φ50 盘铣刀	φ50	1500	500	0.5
2	铣圆弧台外轮廓	2	φ10 平刀	φ10	1200	200	4×2
3	铣中心花外轮廓	3	φ12 键槽刀	φ12	1800	500	1×6
4	铣中心花内轮廓	4	φ6 键槽刀	φ6	2000	400	1×8
5	粗内孔	3	φ12 键槽刀	φ12	1500	200	6×3
6	精内孔	3	φ12 键槽刀	φ12	1800	300	18
7	铣斜凸	3	φ12 键槽刀	φ12	1800	400	2×3
8	倒圆角	4	φ8 球刀	φ8	2000	500	
9	钻孔及攻丝	5、6	钻头及丝锥	φ5	800	60	20

参考程序如下。

铣上表面(使用 R25.0 盘铣刀)
O0001;
G40 G49 G80 G15 G69 G17;
G54 G00 G90 Z100.;
M03 S1500 F500;
X80. Y−35.;
Z10.;

M08;
G01 Z0;
G01 X−80.;
G00 Y0
G01 X80.;
G00 Y35.;
G01 X−80.;

G00 Z100.；
M30；

铣圆弧台外轮廓（高为 8mm）
O0002；
G40 G49 G80 G15 G69 G17；
G54 G90 G00 Z100.；
M03 S1200 F200；
X0 Y60.；
Z10.；
M08；
G01 Z0.；（更改外部坐标，Z 值逐渐至—8mm）
G41 G01 Y50. D01；
G01 X1.256 Y35.978；
G02 X—35.978 Y—1.256 R—36.；
G02 X—29.682 Y—1.037 R3.15；
G03 X1.036 Y29.682 R—29.7；
G02 X1.256 Y35.978 R3.15；
G01 X8.；
G40 G01 Y50.；
G00 Z100.；
M30；

铣中心花外轮廓（使用 R6 平刀）
O0003；
G40 G49 G80 G15 G69 G17；
G54 G90 G00 Z100.；
M03 S1800 F500；
X—22. Y50.；
Z10.；
M08；
G01 Z0；（更改外部坐标，Z 值逐渐至—6mm）
X—22.1687 Y28.2070；
X—28.2070 Y22.1687；
X—40.5；
Y40.5；
G16；
G01 X29.7 Y135.；
G15；
G01 X0 Y20.；
G01 G41 D01 X0 Y10.968；
G03 X3.4536 Y11.3025 R18.；
G02 X8.0614 Y8.6421 R4.05；
G03 X11.5150 Y2.6603 R18.；
G02 Y—2.6603 R4.05；
G03 X8.0614 Y—8.6421 R18.；
G02 X3.4536 Y—11.3025 R4.05；
G03 X—3.4536 R18.；
G02 X—8.0614 Y—8.6421 R4.05；

G03 X—11.515 Y—2.6603 R18.；
G02 Y2.6603 R4.05；
G03 X—8.0614 Y8.6421 R18.；
G02 X—3.4536 Y11.3025 R4.05；
G03 X0 Y10.968 R18.；
G01 G40 X0 Y20.；
X—22.1687 Y28.2070；
Y50.；
G00 Y60.；
Z100.；
M30；

铣中心花内轮廓（使用 R3 平刀）
O0004；
G40 G49 G15 G69 G80 G17；
G54 G90 G00 Z100；
M03 S1200 F200；
X0 Y0；
Z10.；
M08；
G01 Z0；
♯1=—1.0；
WHILE[♯1GE—8.]DO1；
G01 Z♯1；
G01 G42 D01 X0 Y10.968 F400；
G03 X3.4536 Y11.3025 R18.；
G02 X8.0614 Y8.6421 R4.05；
G03 X11.5150 Y2.6603 R18.；
G02 Y—2.6603 R4.05；
G03 X8.0614 Y—8.6421 R18.；
G02 X3.4536 Y—11.3025 R4.05；
G03 X—3.4536 R18.；
G02 X—8.0614 Y—8.6421 R4.05；
G03 X—11.515 Y—2.6603 R18.；
G02 Y2.6603 R4.05；
G03 X—8.0614 Y8.6421 R18.；
G02 X—3.4536 Y11.3025 R4.05；
G03 X0 Y10.968 R18.；
G01 G40 X0 Y0 F400；
♯1=♯1—1.；
END1；
G00 Z100.；
M30；

粗内孔（使用 R6 平刀）
O0005；
G40 G49 G80 G15 G69 G17；
G54 G90 G00 Z150.；
M03 S1500 F200；

X0 Y0;

Z10.;

M08;

G01 Z2.;

Z－18. F60.;

Z－5. F400;

G42 G01 X8.1 Y0 D01;

G02 I－8.1 J0;

G01 G40 X0 Y0;

Z－12.;

G42 G01 X8.1 Y0 D01 F60;

G02 I－8.1 J0;

G40 G01 X0 Y0 F200;

Z－18.;

G01 G42 X8.1 Y0 D01 F60.;

G02 I－8.1 J0;

G40 G01 X0 Y0 F200;

Z2.;

G00 Z150.;

M30;

精内孔(使用 R6 平刀)

O0006;

G40 G49 G80 G15 G69 G17;

G54 G90 G00 Z150.;

M03 S1800 F300;

X0 Y0;

Z10.;

M08;

G01 Z2.;

G01 Z－18.;

G41 D01 G01 X8.1 Y0 F60.;

G03 I－8.1 J0;

G40 G01 X0 Y0 F300;

G00 Z150.;

M30;

铣斜凸(高为 2mm)

O0007;

G40 G54 G90 G00 Z150.;

M03 S1800 F400;

X－50. Y50.;

Z10.;

M08;

G01 Z0;(坐标控制切削深度)

G41 D01 G01 X－22.1687 Y28.2070 F100;

G01 X6.8487 Y13.6810;

G02 X－13.6810 Y－6.8487 R－15.3;

G01 X－28.2070 Y22.1687;

G02 X－22.1687 Y28.2070 R4.5;

G01 X－15.;

G01 G40 Y50.;

G00 Z150.;

M30;

说明:使用 R3 的刀具,第一次加工 D01 值为 3.1,第二次加工 D01 值为 6.5。

倒圆角(使用 R4 球刀)

O0008;

G40 G49 G15 G69 G80 G17;

G54 G90 G00 Z100.;

M03 S2000 F500;

X0 Y42.;

Z10.;

M08;

#1＝90.;

WHILE[#1GE0]D01;

#10＝6.0 * COS[#1]－2.0;

#11＝6.0 * SIN[#1]－2.0;

G10 L12 P1 R#10;

G41 D01 G01 X1.2564 Y35.9781 F60.;

G01 Z#11;

G02 X－35.978 Y－1.256 R－36. F500;

G02 X－29.682 Y－1.037 R3.15;

G03 X1.036 Y29.682 R－29.7;

G02 X1.256 Y35.978 R3.15;

G40 G01 Y40.;

#1＝#1－1.0;

END1;

G00 Z150.;

M30;

注意:在对刀时,要以球刀的球心为刀位点。

任务3　机床操作训练

　　加工如图 25-3 所示的相对复杂零件,工件材料为 45♯钢,零件加工部位由对称的腔槽、凸起及薄壁、孔组成,其几何形状属于平面二维图形,零件外轮廓为方形。对于几何形状特征点-节点坐标,需要计算,请按图纸要求尺寸进行加工。

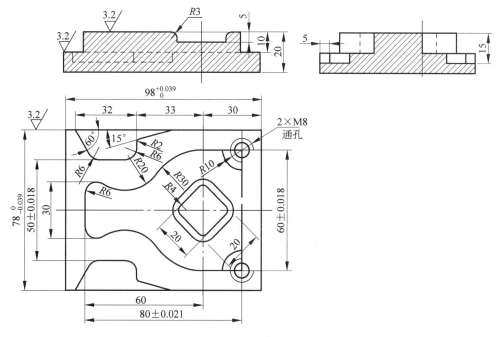

图 25-3　相对复杂零件

附录A

补缺指令知识链接

项目知识

其他指令的应用。

技能目标

解决具有某种特殊功能或某种特殊状态的指令讲解。

1. 加工平面设定指令（G17、G18、G19）

G17 选择 *XY* 平面，G18 选择 *ZX* 平面，G19 选择 *YZ* 平面，如图附录 A-1 所示。一般系统默认为 G17。该组指令用于选择进行圆弧插补和刀具半径补偿的平面。

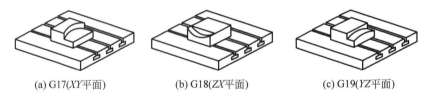

(a) G17(*XY*平面)　　　　(b) G18(*ZX*平面)　　　　(c) G19(*YZ*平面)

图附录 A-1　加工平面选择

注意：移动指令与平面选择无关，例如指令"G17 G01 Z10.0"，*Z* 轴照样会移动。

2. 坐标尺寸指令

（1）相对值编程与绝对值编程指令（G91/G90）

相对值编程是以刀位点所在位置为坐标原点，刀位点以相对于坐标原点进行位移来编程。就是说，相对值编程的坐标原点经常在变换，运行是以现刀位点为基准控制位移，那么连续位移时，必然产生累积误差。绝对值编程在加工的全过程中，均有相对统一的基准点，即坐标原点，所以其累积误差较相对值编程小。

G91 是相对值编程，即每个编程坐标轴上的编程值是相对于前一位置而言的,该值等于沿轴移动的距离。

G90 是绝对值编程,即每个编程坐标轴上的编程值是相对于程序原点的。如图附录 A-2 所示。

注意:G90 和 G91 可以用于同一个程序段中,但要注意其顺序所造成的差异。

数控车削加工时,工件径向尺寸的精度比轴向尺寸高,所以,在编制程序时,径向尺寸最好采用绝对值编程,考虑到加工时的方便,轴向尺寸则采用相对值编程。但对于重要的轴向尺寸,也可以采用绝对值编程。

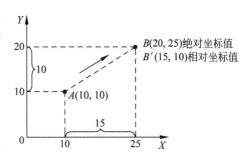

图附录 A-2　相对值/绝对值坐标

数控铣床加工时,一般情况下都采用绝对值编程,只有在某些特殊场合才会用相对值编程。在数控车铣加工中心加工零件时,一般在车加工时用相对值编程,变换为铣加工时,用绝对值编程。

另外,为保证零件的某些相对位置,需按照工艺的要求,灵活使用相对值编程和绝对值编程。

(2)公制尺寸/英制尺寸(G21/G20)

工程图纸中的尺寸标注有公制和英制两种形式,公制与英制的换算关系为:

$1mm \approx 0.0394in$

$1in \approx 25.4mm$

指令格式:G21(公制尺寸,单位为 mm)
　　　　　G20(英制尺寸,单位为 in)

指令功能:设定输入数据的量纲。

指令说明:

① G20、G21 是两个互相取代的 G 代码。

② 经设定后公制和英制量纲可混合使用。

注意:有些数控系统采用 G71/G70 代码。如:SIMENS、FAGOR 系统。

G20 和 G21 是两个可以互相取代的代码。机床出厂前一般设定为 G21 状态,机床的各项参数均以米制单位设定,所以数控车床一般适用于米制尺寸工件加工,如果一个程序开始用 G20 指令,则表示程序中相关的一些数据均为英制(单位为 in);如果程序用 G21 指令,则表示程序中相关的一些数据均为米制(单位为 mm)。在一个程序内,不能同时使用 G20 和 G21 指令,且必须在确定坐标系前指定。G20 或 G21 指令断电前后一致,即停电前使用 G20 或 G21 指令,在下次上电后仍有效,除非重新设定。

3. 坐标系有关指令

(1)工件坐标系设定指令 G92

功能:它是通过刀具当前点的位置及指令的 X、Y、Z 坐标值来反推建立工件坐标系的。

指令格式:G92 X_Y_Z_;

格式中的 X、Y、Z 指定起刀点(刀具所在位置)相对于工件原点的位置。即 X、Y、Z

为刀具中心点在工件坐标系中的绝对坐标。

G92 并不驱使机床刀具或工作台运动，数控系统通过 G92 命令确定刀具当前机床坐标位置相对于加工原点（编程起点）的距离关系，以求建立起工件坐标系，G92 指令一般放在一个零件程序的第一段。例如图附录 A-3 所示。

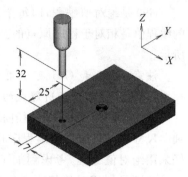

图附录 A-3　工件坐标系的建立

G92 X−7.0 Y−25.0 Z32.0；（指定工件上表面中心点为工件原点）

（2）工件坐标系选择指令 G54～G59

G54～G59 设定法是基于机床坐标系来设置工件坐标系的，所以也称零点偏置法。此方法可以定义多个工件坐标原点，特别适合一次装夹加工数个零件，优点是可节省换刀时间，提高工作效率。

G54～G59 是系统预定的 6 个工件坐标系，可根据需要任意选用。这 6 个预定工件坐标系的原点在机床坐标系中的值（工件零点偏置值）可用 MDI 方式输入，系统自动记忆。工件坐标系一旦选定，后续程序段中绝对值编程时的指令值均为相对此工件坐标系原点的值。采用 G54～G59 选择工件坐标系的方式如图附录 A-4 所示。

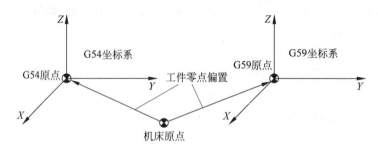

图附录 A-4　选择坐标系指令 G54～G59

在使用 G54～G59 时应注意，用该组指令前，应先用 MDI 方式输入各坐标系的坐标原点在机床坐标系中的坐标值，如图附录 A-5 所示。

指令格式：G54（～G59）；

G54～G59 为模态指令，在执行过手动返回参考点操作之后，如果未选择工件坐标系自动设定功能，系统便按默认值选择 G54～G59 中的一个。一般情况下，把 G54 设定为默认值，具体机床要看机床厂的设定。

G92 指令与 G54～G59 指令都是用于设定工件坐标系的，但其在使用中又有所区别。G92 指令是通过程序来设定、选用工件坐标系的，它所设定的工件坐标系原点与当前刀具所在的位置有关，这一工件原点在机床坐标系中的位置是随当前刀具位置的不同而改变的。

G54～G59 设置工件坐标系的方法是一样的，但在实际情况下，机床厂家为了用户的不同需要，在使用中又有以下区别：利用 G54 设置机床原点的情况下，进行回参考点操作

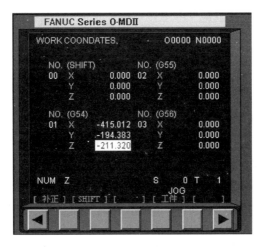

图附录 A-5　G54～G59 工件原点偏置寄存器

时机床坐标值显示为 G54 的设定值,且符号均为正;利用 G55～G59 设置工件坐标系的情况下,进行回参考点操作时机床坐标值显示零值。

（3）局部坐标系设定指令 G52

在工件坐标系中编程时,对某些图形若再用一个坐标系描述更简便。如不想用原坐标系偏移时,可用局部坐标系设定指令。

指令格式：G52 X_Y_Z_；

其中 X、Y、Z 是局部坐标系原点在当前工件坐标系中的坐标值。

G52 指令能在所有的工件坐标系(G92、G54～G59)内形成子坐标系,即局部坐标系。在含有 G52 指令的程序段中,绝对值编程方式的指令值就是在该局部坐标系中的坐标值。设定局部坐标系后,工件坐标系和机床坐标系保持不变。G52 指令为非模态指令。在缩放及旋转功能下不能使用 G52 指令,但在 G52 下能进行缩放及坐标系旋转,如图附录 A-6 所示。

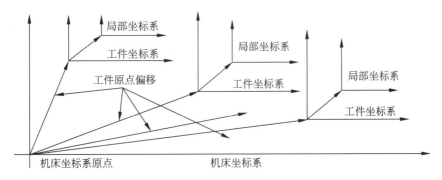

图附录 A-6　局部坐标系的设定 G52

（4）机床坐标系编程指令 G53

指令格式：G53 X_Y_Z_；（X、Y、Z 是指定机床坐标位置）

G53 是机床坐标系编程,该指令使刀具快速定位到机床坐标系中的指定位置上。在含有 G53 的程序段中,应采用绝对值编程。且 X、Y、Z 均为负值。

注意:

① G53 指令是非模态指令,只在本程序段中有效。

② G53 指令只在绝对坐标值(G90)状态下有效,在增量值(G91)下无效。

③ G53 指定之前,应消除相关的刀具半径、长度或位置补偿。

4. 回参考点控制指令

参考点是机床上的一个固定点,主要用来自动换刀或设定坐标系。刀具能否准确地返回参考点,既是衡量其重复定位精度的重要指标,也是数控加工保证其尺寸一致性的前提条件。实际加工中,巧妙利用返回参考点指令,可以提高产品的精度。对于重复定位精度很高的机床,为了保证主要尺寸的加工精度,在加工主要尺寸之前,刀具可先返回参考点再重新运行到加工位置。如此做法的目的实际上是重新校核一下基准,以确定加工的尺寸精度。

参考点也是可以设定的,设定的位置主要根据机床加工或换刀的需要而定。设定的方法有两种,其一是根据刀杆上某一点或刀具刀尖等坐标位置存入参数中,来设定机床参考点;其二是调整机床上各相应的挡铁位置。一般参考点选作机床坐标的原点,在使用手动返回参考点功能时,刀具即可在机床 X、Y、Z 坐标参考点定位,这时返回参考点指示灯亮,即表明刀具在机床的参考点位置。

(1)自动返回参考点 G28

机床参考点一般情况下被选作为机床坐标的原点,所以是固定的。但有些机床可通过调整机床上各相应的挡铁位置,以达到调定机床参考点的目的。设定此位置是为了机床加工或换刀的需要。利用 G28 指令可使受控轴自动返回参考点。

指令格式:G28 X_Y_Z_;

其中 X、Y、Z 是回参考点时经过的中间点(非参考点)坐标。

G28 指令首先使所有的编程轴都快速定位到中间点,然后再从中间点返回到参考点。一般 G28 指令用于刀具自动更换或者消除机械误差,在执行该指令之前,应取消刀具补偿。在 G28 的程序段中不仅产生坐标轴移动指令,而且记忆了中间点坐标值,以供 G29 使用。

电源接通后,在没有手动返回参考点的状态下指定 G28 时,从中间点自动返回参考点与手动返回参考点操作相同。这时从中间点到参考点的方向,就是机床参数"回参考点方向"设定的方向。G28 指令仅在其被规定的程序段中有效。

注意:通常此指令用于自动换刀,为了安全起见,在执行 G28 指令前,必须取消刀具半径补偿和长度补偿指令。

(2)从参考点自动返回 G29

G29 命令可使被指令轴以快速定位进给速度从参考点经由中间点运动到指令位置,中间点的位置由以前的 G28 或 G30 指令确定。一般情况下,该指令用在 G28 或 G30 之后,被指令轴位于参考点或第二参考点的时候。在增量值方式模态下,指令值为中间点到终点(指令位置)的距离。

指令格式:G29 X_Y_Z_;

其中 X、Y、Z 是返回的定位终点。

具体如图附录 A-7 所示。

G90 G28 X18.0 Y26.0；　　　　当前点 A→B→R
T01 M06；　　　　　　　　　　换刀
G29 X30.0 Y10.0；　　　　　　参考点 R→B→C

注意：G29 指令不能单独使用，因为 G29 并不能指定自己的中间点位置，而是利用前 G28 指令中所指定的中间点，因此执行 G29 指令前须先执行 G28 指令。

图附录 A-7　G28 和 G29

（3）自动返回第二、三、四参考点 G30

指令格式：G30 Pn X_ Y_ Z_ ；

（n＝2,3,4，表示选择第二、三、四参考点，若省略不写表示选择第二参考点）

该指令的使用和执行都和 G28 非常相似，唯一不同的就是 G28 使指令轴返回机床参考点，而 G30 使指令轴返回第二参考点，而第二参考点的位置是由参数来设定的。G30 指令必须在执行返回第一参考点后才有效。如 G30 指令后面直接跟 G29 指令，则刀具将经由 G30 指定的（坐标值为 X、Y、Z）的中间点移到 G29 指令的返回点定位，类似于 G28 后跟 G29 指令。通常 G30 指令用于自动换刀位置与参考点不同的场合，而且在使用 G30 前，同 G28 一样应先取消刀具补偿。

第二参考点也是机床上的固定点，它和机床参考点之间的距离由参数给定，第二参考点指令一般在机床中主要用于刀具交换。因为机床的 Z 轴换刀点为 Z 轴的第二参考点（参数♯737），也就是说，刀具交换之前必须先执行 G30 指令。用户在零件加工程序中，在自动换刀之前必须编写 G30，否则执行 M06 指令时会产生报警。第二参考点的返回，关于 M06 请参阅机床说明书部分辅助功能。待被指令轴返回第二参考点完成后，该轴的参考点指示灯将闪烁，以指示返回第二参考点的完成。机床 X 和 Y 轴的第二参考点出厂时的设定值与机床参考点重合，如有特殊需要可以设定 735、736 号参数。

注意：

① 737 号参数用于设定 Z 轴换刀点，正常情况下不得改动，否则可能损坏 ATC（自动刀具交换）装置。

② G30 与 G28 一样，为了安全起见，在执行该命令以前应该取消刀具半径补偿和长度补偿指令。

（4）自动返回参考点校验 G27

指令格式：G27 X_Y_Z_ ；

该命令可使被指令轴以快速定位进给速度运动到指令的位置，然后检查该点是否为参考点，如果是则发出该轴参考点返回的完成信号（点亮该轴的参考点到达指示灯）；如果不是则发出一个报警，并中断程序运行。

在刀具偏置的模态下，刀具偏置对 G27 指令同样有效，所以一般来说执行 G27 指令以前应该取消刀具偏置（半径偏置和长度偏置）指令。当返回参考点校验功能程序段完成，需要使机械系统停止时，必须在下一个程序段后增加 M00 或 M01 等辅助功能或在单程序段情况下运行。

在机床闭锁开关置上位时，NC 不执行 G27 指令。

5. 任意角度倒角与倒圆

该指令可以自动地插入在直线和直线插补、直线和圆弧插补、圆弧和直线插补、圆弧和圆弧插补程序段中。在任意两个直线插补程序段之间可以自动地插入倒角和倒圆。在指定直线插补 G01 的程序段末尾，输入指令",C_;"便插入了倒角程序段，输入指令",R_;"便插入了倒圆程序段。

C 后的值表示倒角起点和终点距假象拐角交点的距离，假象拐角交点即末倒角前的拐角交点，如图附录 A-8 所示。

例如：G91 G01 X100.0,C10.0；插入边长为 10mm 的倒角；

X100.0 Y100.0；

R 后的值表示圆角的半径 R，如图附录 A-9 所示。

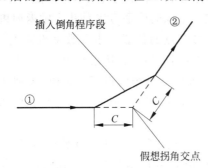

图附录 A-8　任意角度倒角

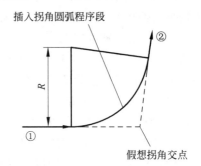

图附录 A-9　任意角度倒圆

例如：G91 G01 X100.0,R10.0；插入圆角半径为 10mm 的圆角；

X100.0 Y100.0；

注意：

① 程序中只输入带","（逗号）的倒角和倒圆指令，如",C_;"或",R_;"。

② 螺纹加工程序段中不能插入倒圆。

③ 若两线夹角小于±1°，则倒角和倒圆无效。

④ 只在存储器方式有效。

⑤ 若指令非选择平面上的轴或平行轴时，则发生报警。

例如：（如图附录 A-10 所示）

⋮

G42 D01 G00 X20.0 Y0；

G01 Y8.0,C12；

X−10.0,C10.0；

Y−12.0,R8.0；

X6.0,R14.0；

Y0；

⋮

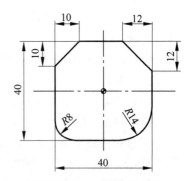

图附录 A-10　倒角与倒圆

6. 减速与精确定位指令 G09

G09 指令其功能是在执行下一条程序之前，减速并准确地停止在当前程序所确定的位置。在精加工时使用，可以使加工的形位尺寸更加准确，如 S-188 双主轴双刀塔数控车铣中心,配 NUM 1050 数控系统。

列举程序如下。
```
  ⋮
G01 Z1.0 F0.02;
G09 Z0.5;
G09 X9.745 Z−0.4;
Z−11.52;
  ⋮
```

7. 跳转指令 G79

G79 指令为强行跳转,在车铣复合加工中心的零件加工程序中使用,可以带来很大的方便。如 S-188 双主轴双刀塔数控车铣中心,配 NUM 1050 数控系统,带自动拉料机构,在零件加工程序的编制中,如:
```
  ⋮
$ G79 N2037
  ⋮
N2037 G0 X52.0 Z2.0;
  ⋮
```

加入 G79 指令,可以很方便地进行各工步程序的调试,免去一般程序每调一步都要从头找程序段或在每一程序段结束加 M01 的麻烦。

8. 单方向定位指令 G60

指令格式:G60 X_ Y_ Z_ A_ ;

其中,X、Y、Z、A 为定位终点,在 G90 时为终点在工件坐标系中的坐标;在 G91 时为终点相对于起点的位移量。

在单向定位时,每一轴的定位方向是由机床参数确定的。在 G60 中,先以 G00 速度快速定位到一个中间点,然后再以一固定速度移动到定位终点。中间点与定位终点的距离(偏移值)是一常量,由机床参数设定,且从中间点到定位终点的方向即为定位方向。G60 指令仅在其被规定的程序段中有效。

9. 螺纹加工 G33

小直径的内螺纹大都采用丝锥配合攻螺纹指令 G74 和 G84(参考固定循环指令)加工。大孔径螺纹因刀具成本太高,故使用可调式的镗孔刀配合 G33 指令加工,可节省成本。

指令格式:G33 Z_ F_;

说明:Z 为螺纹切削的终点坐标值(绝对值)或切削螺纹的长度(增量值)。

F 为螺纹的导程。

例如图附录 A-11 所示,孔径已加工完成,使可调式

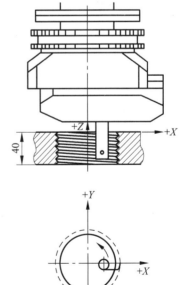

图附录 A-11　螺纹加工例图

镗孔刀配合 G33 指令切削 M60×1.5 的内螺纹。

参考程序如下。

```
O0033
G54；
G21 G17 G40 G49 G69 G80；
G90 G00 Z150.0；
T01 M06；
M03 S400；
G00 G90 X0 Y0；
G43 H01 Z10.0；        引入刀具长度补偿,使刀具定位至工件上方10mm处,准备切削螺纹
G33 Z-45.0 F1.5；      第一次切削螺纹
M19；                  主轴定向停止
G00 X-5.0；            主轴中心偏移,防止提升刀具时碰撞工件
Z10.0；                提升刀具
X0 M00；               刀具移至孔中心后,程序停止。调整镗孔刀的螺纹切削深度
M03；                  使主轴正转
G04 X2.0；             暂停2s,使主轴转速400r/min稳定
G33 Z-45.0 F1.5；      第二次切削螺纹
M19；
G00 X-5.0；
Z10.0；
X0 M00；
M03；
G04 X2.0；
G33 Z-45.0 F1.5；      第三次切削螺纹
M19；
G00 X-5.0；
Z10.0
G28 G91 Z0；
M30；
```

常用数控系统

FANUC	FANUC 车床 G 代码
	FANUC 铣床 G 代码
	FANUC M 指令代码
SIEMENS	SIEMENS 铣床 G 代码
	SIEMENS802S/CM 固定循环
	SIEMENS802DM/810/840DM 固定循环
	SIEMENS 车床 G 代码
	SIEMENS 801、802S/CT、802SeT 固定循环
	SIEMENS 802D、810D/840D 固定循环
华中 HNC	HNC 车床 G 代码
	HNC 铣床 G 代码
	HNC M 指令
凯恩帝 KND	KND100 铣床 G 代码
	KND100 车床 G 代码
	KND100 M 指令
广数 GSK	GSK980 车床 G 代码
	GSK980T M 指令
	GSK928 TC/TE　G 代码
	GSK928 TC/TE　M 指令
	GSK990M　G 代码
	GSK990M　M 指令
	GSK928MA　G 代码
	GSK928MA　M 指令
三菱	三菱 E60 铣床 G 代码
DASEN	DASEN 3I 铣床 G 代码
	DASEN 3I 车床 G 代码
华兴	华兴车床 G 代码
	华兴 M 指令
	华兴铣床 G 代码
	华兴 M 指令
仁和	仁和 32T G 代码
	仁和 32T M 指令
SKY	SKY 2003N M G 代码
	SKY 2003N M M 指令

其他常用数控系统G代码总汇

SIEMENS 车床 G 代码

D 刀具刀补号

F 进给率

G 功能（准备功能字）

G0 快速移动

G1 直线插补

G2 顺时针圆弧插补

G3 逆时针圆弧插补

G33 恒螺距的螺纹切削

G4 快速移动

G63 快速移动

G74 回参考点

G75 回固定点

G17（在加工中心孔时要求）

G18* ZX 平面

G40 刀尖半径补偿方式的取消

G41 调用刀尖半径补偿，刀具在轮廓左侧移动

G42 调用刀尖半径补偿，刀具在轮廓右侧移动

G500 取消可设定零点偏置

G54 第一可设定零点偏置

G55 第二可设定零点偏置

G56 第三可设定零点偏置

G57 第四可设定零点偏置

G58 第五可设定零点偏置

G59 第六可设定零点偏置

G53 按程序段方式取消可设定零点偏置

G70 英制尺寸

G71* 公制尺寸

G90* 绝对尺寸

G91 增量尺寸

G94* 进给率 F,单位 mm/min

G95 主轴进给率 F,单位 mm/r

I 插补参数

I1 圆弧插补的中间点

K1 圆弧插补的中间点

L 子程序名及子程序调用

M 辅助功能

M0 程序停止

M1 程序有条件停止

M2 程序结束

M30

M17

M3 主轴顺时针旋转

M4 主轴逆时针旋转

M5 主轴停

M6 更换刀具

N 副程序段

: 主程序段

P 子程序调用次数

RET 子程序结束

S 主轴转速,在 G4 中表示暂停时间

T 刀具号

X 坐标轴

Y 坐标轴

Z 坐标轴

AR 圆弧插补张角

CALL 循环调用

CHF 倒角,一般使用

CHR 倒角轮廓连线

CR 圆弧插补半径

GOTOB 向后跳转指令

GOTOF 向前跳转指令

RND 圆角
支持参数编程

SIEMENS 801/802S/CT/802SeT 固定循环

LCYC82 钻削,沉孔加工
LCYC83 深孔钻削
LCYC840 带补偿夹具的螺纹切削
LCYC84 不带补偿夹具的螺纹切削
LCYC85 镗孔
LCYC93 切槽循环
LCYC95 毛坯切削循环
LCYC97 螺纹切削

SIEMENS 802D/810D/840D 固定循环

CYCLE71 平面铣削
CYCLE82 中心钻孔
CYCLE83 深孔钻削
CYCLE84 刚性攻丝
CYCLE85 铰孔
CYCLE86 镗孔
CYCLE88 带停止镗孔
CYCLE93 切槽
CYCLE94 退刀槽形状
CYCLE95 毛坯切削
CYCLE97 螺纹切削

SIEMENS 铣床 G 代码

D 刀具刀补号
F 进给率(与 G4 一起可以编程停留时间)
G G 功能(准备功能字)
G0 快速移动
G1 直线插补
G2 顺时针圆弧插补
G3 逆时针圆弧插补
CIP 中间点圆弧插补
G33 恒螺距的螺纹切削
G331 不带补偿夹具切削内螺纹
G332 不带补偿夹具切削内螺纹
CT 带切线的过渡圆弧插补
G4 快速移动
G63 快速移动
G74 回参考点
G75 回固定点
G25 主轴转速下限
G26 主轴转速上限
G110 极点尺寸,相对于上次编程的设定位置
G110 极点尺寸,相对于当前工件坐标系的零点
G120 极点尺寸,相对于上次有效的极点
G17* XY 平面
G18 ZX 平面

G19 YZ 平面
G40 刀尖半径补偿方式的取消
G41 调用刀尖半径补偿,刀具在轮廓左侧移动
G42 调用刀尖半径补偿,刀具在轮廓右侧移动
G500 取消可设定零点偏置
G54 第一可设定零点偏置
G55 第二可设定零点偏置
G56 第三可设定零点偏置
G57 第四可设定零点偏置
G58 第五可设定零点偏置
G59 第六可设定零点偏置
G53 按程序段方式取消可设定零点偏置
G60* 准确定位
G70 英制尺寸
G71* 公制尺寸
G700 英制尺寸,也用于进给率 F

SIEMENS802S/CM 固定循环

LCYC82 钻削,沉孔加工
LCYC83 深孔钻削
LCYC840 带补偿夹具的螺纹切削
LCYC84 不带补偿夹具的螺纹切削
G710 公制尺寸,也用于进给率 F
G90* 绝对尺寸
G91 增量尺寸
G94* 进给率 F,单位 mm/min
G95 主轴进给率 F,单位 mm/r
G901 在圆弧段进给补偿"开"
G900 进给补偿"关"
G450 圆弧过渡
G451 等距线的交点
I 插补参数
J 插补参数
K 插补参数
I1 圆弧插补的中间点
J1 圆弧插补的中间点
K1 圆弧插补的中间点
L 子程序名及子程序调用
M 辅助功能
M0 程序停止
M1 程序有条件停止
M2 程序结束
M3 主轴顺时针旋转
M4 主轴逆时针旋转
M5 主轴停
M6 更换刀具
N 副程序段
: 主程序段

P 子程序调用次数

RET 子程序结束

S 主轴转速,在 G4 中表示暂停时间

T 刀具号

X 坐标轴

Y 坐标轴

Z 坐标轴

CALL 循环调用

CHF 倒角,一般使用

CHR 倒角轮廓连线

CR 圆弧插补半径

GOTOB 向后跳转指令

GOTOF 向前跳转指令

RND 圆角

支持参数编程

LCYC85 镗孔

LCYC60 线性孔排列

LCYC61 圆弧孔排列

LCYC75 矩形槽,键槽,圆形凹槽铣削

SIEMENS802DM/810/840DM 固定循环

CYCLE82 中心钻孔

CYCLE83 深孔钻削

CYCLE84 刚性攻丝

CYCLE85 铰孔

CYCLE86 镗孔

CYCLE88 带停止镗孔

CYCLE71 端面铣削

LONGHOLE 一个圆弧上的长方形孔

POCKET4 环形凹槽铣削

POCKET3 矩形凹槽铣削

SLOT1 一个圆弧上的键槽

SLOT2 环形槽

HNC 车床 G 代码

G00 定位(快速移动)

G01 直线切削

G02 顺时针切圆弧(CW,顺时针)

G03 逆时针切圆弧(CCW,逆时针)

G04 暂停(Dwell)

G09 停于精确的位置

G20 英制输入

G21 公制输入

G22 内部行程限位有效

G23 内部行程限位无效

G27 检查参考点返回

G28 参考点返回

G29 从参考点返回

G30 回到第二参考点

G32 切螺纹

G36 直径编程

G37 半径编程

G40 取消刀尖半径偏置

G41 刀尖半径偏置(左侧)

G42 刀尖半径偏置(右侧)

G53 直接机床坐标系编程

G54 ~G59 坐标系选择

G71 内外径粗切循环

G72 台阶粗切循环

G73 闭环车削复合循环

G76 切螺纹循环

G80 内外径切削循环

G81 端面车削固定循环

G82 螺纹切削固定循环

G90 绝对值编程

G91 增量值编程

G92 工件坐标系设定

G96 恒线速度控制

G97 恒线速度控制取消

G94 每分钟进给率

G95 每转进给率

支持参数与宏编程

HNC 铣床 G 代码

* G00 定位(快速移动)

G01 直线切削

G02 顺时针切圆弧

G03 逆时针切圆弧

G04 00 暂停

G07 16 虚轴指定

G09 00 准停校验

* G17 02 XY 面赋值

G18 XZ 面赋值

G19 YZ 面赋值

G20 08 英寸输入

* G21 毫米输入

G22 脉冲当量

G24 03 镜像开

* G25 镜像关

G28 00 返回到参考点

G29 由参考点返回

* G40 07 取消刀具直径偏移

G41 刀具直径左偏移

G42 刀具直径右偏移

G43 08 刀具长度 + 方向偏移

G44 刀具长度 - 方向偏移

* G49 取消刀具长度偏移

* G50 04 缩放关

G51 缩放开

G52 00 局部坐标系设定

G53 直接机床坐标系编程

* G54 14 工件坐标系 1 选择

G55 工件坐标系 2 选择

G56 工件坐标系 3 选择

G57 工件坐标系 4 选择

G58 工件坐标系 5 选择

G59 工件坐标系 6 选择

G60 00 单方向定位

* G61 12 精确停止校验方式

G64 连续方式

G68 05 旋转变换

* G69 旋转取消

G73 09 高速深孔钻削循环

G74 左螺旋切削循环

G76 精镗孔循环

* G80 取消固定循环

G81 中心钻循环

G82 反镗孔循环

G83 深孔钻削循环

G84 右螺旋切削循环

G85 镗孔循环

G86 镗孔循环

G87 反向镗孔循环

G88 镗孔循环

G89 镗孔循环

* G90 03 使用绝对值命令

G91 使用增量值命令

G92 00 设置工件坐标系

* G94 14 每分钟进给

G95 每转进给

* G98 10 固定循环返回起始点

G99 返回固定循环 R 点

支持参数与宏编程

HNC M 指令

M00 程序停

M01 选择停止

M02 程序结束（复位）

M03 主轴正转（CW）

M04 主轴反转（CCW）

M05 主轴停

M06 换刀

M07 切削液开

M09 切削液关

M98 子程序调用

M99 子程序结束

常用刀具切削参数

（以加工 45♯钢为例）

（1）普通平底白钢刀

所用刀具为普通白刚刀时，每一刀在深度方向的切深 h 推荐值：$h=\phi/4\sim\phi/5$，例如，一把 $\phi16$ 的白刚平底铣刀，它的每刀切深推荐值约为 $3\sim4$mm 之间。

其他参数如下。

刀具直径/(mm)	转速/(r/min)	进给/(mm/min)
$\phi25$	230～250	75～100
$\phi16$	350～400	75～100
$\phi12$	500～550	50～100
$\phi10$	550～600	50～75
$\phi8$	600～650	50～75
$\phi6$	750～800	50～75
$\phi5$	800～850	50
$\phi4$	850～900	50
$\phi3$	1000	50

（2）普通球刀（精加工）

刀具直径/(mm)	转速/(r/min)	进给/(mm/min)
$\phi16$(R8)	800～900	250～300
$\phi12$(R6)	1000～1100	250～300
$\phi10$(R5)	1100～1200	300～350
$\phi8$(R4)	1200～1300	300～350
$\phi6$(R3)	1300～1500	300～350
$\phi5$(R2.5)	1500～1700	150～200
$\phi4$(R2)	1700～1800	150～200
$\phi3$(R1.5)	1800～1900	100～150
$\phi2$(R1)	2000	100

（3）常用开粗硬质合金刀（镶刀片类）

品　牌	型　号	推荐切深 h(mm)	推荐转速/(r/min)	推荐进给/(mm/min)
SECO 三菱	ϕ32(R6)	0.7～0.8	1200	800～1200
SECO 三菱	ϕ30(R5)	0.5～0.7	1250	800～1200
SECO 三菱	ϕ16(R0.8)	0.3～0.5	1800～2000	750～1200

（4）常用精加工硬质合金刀

品　牌	型　号	推荐刀间距/(mm)	推荐转速/(r/min)	推荐进给/(mm/min)
SECO 三菱	ϕ25(R12.5)	0.4～0.5	1800	750～1200
SECO 三菱	ϕ16(R8)	0.3～0.4	2000～2200	750～1200
SECO 三菱	ϕ12(R6)	0.2～0.3	2250～2300	750～1000
SECO 三菱	ϕ10(R5)	0.15～0.25	2500～2650	500～750

参 考 文 献

1. 来建良.数控加工技术.杭州：浙江大学出版社,2004
2. 顾京.数控机床加工程序编制.北京：机械工业出版社,2004
3. 孙德茂.数控机床铣削加工直接编程技术.北京：机械工业出版社,2005
4. 张超英.数控车床.北京：化学工业出版社,2005
5. 王爱玲.数控编程技术.北京：机械工业出版社,2006
6. 吴明友.数控铣床(FANUC)考工实训教程.北京：化学工业出版社,2006
7. 刘力群.数控编程与操作实训教程.北京：清华大学出版社,2007
8. 周虹.数控编程与操作(面向 21 世纪机电类专业高职高专规划教材).西安：西安电子科技大学出版
   社,2007
9. 宋建武.数控车床操作与加工技能实训.北京：化学工业出版社,2008
10. 杭州丽伟电脑机械有限公司.LEADWELL 车床学习手册,2009